营养师
教你"蒸"
出健康

钱多多 主编

黑龙江科学技术出版社

HEILONGJIANG SCIENCE AND TECHNOLOGY PRESS

图书在版编目（CIP）数据

营养师教你"蒸"出健康 / 钱多多主编 . -- 哈尔滨：
黑龙江科学技术出版社，2018.8
ISBN 978-7-5388-9715-9

Ⅰ . ①营… Ⅱ . ①钱… Ⅲ . ①蒸菜－菜谱 Ⅳ .
① TS972.12

中国版本图书馆 CIP 数据核字 (2018) 第 114817 号

营 养 师 教 你 " 蒸 " 出 健 康
YINGYANGSHI JIAO NI "ZHENG" CHU JIANKANG

作　　者	钱多多	
项目总监	薛方闻	
责任编辑	马远洋	
策　　划	深圳市金版文化发展股份有限公司	
封面设计	深圳市金版文化发展股份有限公司	
出　　版	黑龙江科学技术出版社	
	地址：哈尔滨市南岗区公安街 70-2 号　邮编：150007	
	电话：（0451）53642106　传真：（0451）53642143	
	网址：www.lkcbs.cn	
发　　行	全国新华书店	
印　　刷	深圳市雅佳图印刷有限公司	
开　　本	723 mm × 1020 mm　1/16	
印　　张	14	
字　　数	240 千字	
版　　次	2018 年 8 月第 1 版	
印　　次	2018 年 8 月第 1 次印刷	
书　　号	ISBN 978-7-5388-9715-9	
定　　价	49.80 元	

PREFACE
序言

　　作为营养师的我，自然是最爱天然的味道、简单的烹调，这是职业的习惯，更是对健康的追求。很多人会问我，在家里做饭最常用的烹调方式是什么呢？我会不假思索地回答："自然是蒸咯！"

　　健康蒸主义，不仅是对"蒸食"文化历史的传承，还蕴含着后人对它的喜爱与发扬光大。

　　说起蒸菜，看似简约，其实简约却蕴含着丰厚的历史底蕴。蒸菜之于中国，不仅是一种烹饪方法，更是一种饮食文化。我们智慧的老祖先早就参悟了健康饮食的精华，发明了各色蒸菜。一代代的继承，一代代人又把蒸菜的技法和搭配发扬光大。书中专门就"蒸功夫"的历史为大家展开了一幅画卷，可以细细体会祖先在饮食上的智慧。

　　健康蒸主义，简约烹调下每个人都可以成为美食达人！

　　蒸制的美食之所以会拥有很多"粉丝"，其中一个原因就是，即使是厨房小白，也能轻松上手去蒸制美食。步骤简单，过程轻松，菜品蒸出来还不会差到哪里去。总而言之，就是轻松上手，毫无压力。对于不想局限于简单组合去烹调蒸菜的朋友而言，本书刚好为大家准备了各色不同蒸菜的制作方法，把大家常见的食材，做了"惊艳"的组合，还为食谱中用到的食材备注了"营养分析"。书中还为大家提供了如何制作蒸美食让味道更赞的工艺处理及多种秘制料汁，让百变的"蒸"滋味，在舌尖上"舞蹈"。

　　健康蒸主义，简约烹调下藏着不简单的营养密码！

　　喜欢蒸菜的朋友如果只是单纯喜欢其简单的烹调方式，那只能说明对于蒸菜还只停留在表面的喜欢；而喜欢蒸菜的营养，才算是爱上了蒸菜的内涵。大家都知道，高温烹调会加速食材中营养素的流失，特别是高温油炸，而用热蒸汽蒸制食物，沸点只有 100℃，营养物质可以较多地保留下来，可以更好的让机体获得所需要的营养物质。

蒸主义不仅极大限度地保留了食材中的营养价值，还很好的做到了控油。在高油美食围剿之下，很多人失去了昔日的小蛮腰。不仅如此，过多油脂的摄入还是诱发慢性疾病的一个元凶。对于油脂这种纯能量的食物，在烹调过程中，控油就尤为重要。蒸菜可以最大限度控制油的使用量，对于预防肥胖和由于肥胖引起的慢性疾病都起到很好的预防作用。蒸菜不仅打破了"巧妇难为无油之菜"的尴尬，还在很少的用油量下，让菜肴的口感丝毫不受到不影响，清新淡雅的味道下更加彰显食材本真的味道。

制作蒸菜控油为健康做出了贡献，蒸菜在健康方面还有另外一个"尚方宝剑"，那就是想要制作味美的蒸菜对于食材新鲜度的要求特别高。如果食材不新鲜，会直接影响蒸菜的口感。从营养的角度出发，新鲜的食材不仅是营养健康的保障，更是食品安全的基础。清新淡雅的蒸菜能更好的突出新鲜食材中最天然的味道。这不仅是对味蕾的恩赐，更多的还是感恩食物带给我们美好、真滋味的体验。

健康蒸主义，有了这本书，您可以根据自己的喜好去制作美味的健康蒸菜。无论是宴请亲朋，还是独享时光，都可以认真捧阅，寻找出您味蕾上的最爱，感受书中蒸菜带给我们健康餐桌的美好。健康蒸主义，不一样的简约烹饪下，营养师陪着您开启蒸食背后的健康美食之旅！

钱多多

2018 年 7 月

CONTENTS
目录

033　第二章 蔬菜也要有滋有味

079　第三章 肉香四溢，齿颊留香

131　第四章　舌尖上的鲜美滋味

171　第五章　百变主食一锅蒸

189   第六章 蒸出来的幸福点心

第一章

蒸出来的更美味

　　"蒸"是指通过热蒸汽对食材进行加热处理。在所有的烹饪方式中最能保存食材的营养价值。所以，蒸的烹饪方式经常应用到保健养生菜中。而且，蒸菜还可以变化多种口味。

"蒸"的概念与历史

想学"蒸"功夫，得先做好功课，从基础开始了解。

❀ "蒸"的概念

蒸，是指把经过处理的食材装入器皿中，再放入蒸锅或蒸笼中加热，原料在加热过程中处于封闭状态，直接与水蒸气接触，利用水蒸气使食材成熟的一种烹饪方法。蒸既能制作主食，又可以制作菜肴、点心、糕点等。

蒸菜，是中华美食的重要组成部分，子曰，"食之阴阳，蒸之为康，五谷杂粮，无蒸不香"。蒸菜之于中国，不仅是一种烹饪方法，更是一种饮食文化。

❀ "蒸"的历史

蒸，由煮演变而来。新石器中后期，随着陶器的发明和使用，人们才从真正意义上结束了"茹毛饮血"的饮食方式，开始懂得用水煮熟食物来吃，慢慢地从煮食中受到启发又发明了蒸。

蒸的历史悠久，天门蒸菜闻名中外，是传说中最早的蒸菜，起源于王莽时代。王莽起义后，曾在竟陵（即今天门）遭官兵追击，王莽的起义军粮食用尽，只能靠野菜充饥，当地农民为起义军送来粮食，但是粮少人多，于是起义军就将粮食磨成了粉，将粉与野菜拌匀后放入锅中蒸食，意外地发现非常可口，自此，天门蒸菜传开。

在过去，逢红白喜事等，均要做蒸菜、蒸饭。如今，曾经的那些习俗慢慢地被人们淡忘，但是，蒸却早已成了一种饮食习惯和饮食文化。

"蒸"菜名品种类

蒸菜悠久的历史造就了不少蒸菜名品，如上述有提到的"蒸菜鼻祖"天门蒸菜，以及沔阳蒸菜、浏阳蒸菜等。

天门蒸菜

天门蒸菜在各地方的蒸菜中拥有最悠久的历史，是蒸菜最重要的一脉根源。在天门，有"无菜不蒸，无蒸不宴"的说法，天门人不但爱蒸菜，同时也将蒸菜继承、发展得很好，从著名的"天门三蒸"发展到后来的"天门九蒸"，有着品种繁多、技法精湛、味型广泛的特点。

沔阳蒸菜

据说沔阳蒸菜起源于元末农民起义。相传，元末陈友谅起义，他的妻子主管后勤，在起义军攻下沔阳后，陈友谅的妻子亲自下厨犒劳士兵，别出心裁地将肉、鱼、藕等分别与米粉拌匀后配上作料蒸熟，结果蒸出来的食物非常美味，士兵们都称赞不绝。"沔阳三蒸"极负盛名，民间还有"蒸菜大王，独数沔阳，如若不信，请来一尝"的歌谣。

浏阳蒸菜

浏阳蒸菜相传起源于明朝。明初，朱元璋与陈友谅开战，因浏阳人支持陈友谅，朱元璋血洗浏阳，造成浏阳"地广人稀不见炊烟"，后来浏阳便成了众多迁徙、逃亡者繁衍生息之地，这些人被称为"客姓"，即现在所说的客家人。客家人背井离乡、颠沛流离，在浏阳定居后形成独特的客家文化，而浏阳蒸菜是在客家人的生活习惯下形成的。浏阳蒸菜简单朴素，食材独特，以蒸腊味为主。

健康烹饪还是蒸的好

在种种烹饪技法中，"蒸"最受推崇，它最早始于中国，中华千年美食文化素有"无菜不蒸"之说。据中国烹饪协会及中国营养学会论证，蒸也是最能保持食物原汁原味、保留食物营养的烹饪方式。

◈ 蒸菜的特点和优势

"蒸"是将原料装于器皿中，将器皿置于沸水锅中，利用蒸汽进行加热，使调好味的原料成熟或酥烂入味的烹调方法。其特点是保持了菜肴的原形、原汁、原味，相比起炒、炸、煎等烹饪方法，蒸出来的菜肴所含油脂少，且能在很大程度上保存菜的各种营养元素，更符合健康饮食的要求。

炒菜时，油的沸点可达300℃以上，在如此高的温度下烹调食材，会破坏食材中很多对人体有益的营养成分。而用热蒸汽蒸制食物，沸点只有100℃，营养物质可以较多地保留下来。现代研究表明，蒸菜所含的多酚类营养物质，如黄酮类的槲皮素等含量显著高于其他烹调方法。另外，蒸菜要求原料新鲜、调味适中，而且原汁损失较少，具有形态完整、口味鲜嫩、食材熟烂的优势。更重要的是，由于蒸制的食物容易消化，非常适合消化不好的人食用，是老年人和儿童的理想菜肴。

在烹饪技法中，"蒸"属于"汽熟法"，是利用蒸汽的对流作用，把热量传递给菜肴原料，使其熟烂。蒸制的时间和火候，要根据原料性质、要求而定。蒸出来的食物清淡、自然，既能保持食物的外形，又能保持食物的风味，比如鱼、蟹、贝等海产品就非常适合清蒸，饺子、包子、馒头、发糕等主食，以及土豆、茄子、芸豆、南瓜等很多蔬菜也都适合蒸制。蒸和煮都不需另外加食用油，从而减少了油脂的摄入，对于解决油脂摄入过度而造成的各种疾病问题，是一个很好的预防措施。与水煮的方式相比，蒸制食物时，食物与水的接触要少很多，所以可溶性物质的损失比较少，营养成分的损失自然也少一些，并有利于保留食物的本来风味。

吃蒸菜的六大益处

蒸品口味纯正

蒸菜注重原汁原味，是炒菜用油量的三分之一，甚至可以完全不用油，原料的原始滋味不会被分解代替，能让人细细品味纯天然菜品的本来味道，回归大自然，找回天然健康。

蒸饭蒸菜营养更全面

蒸能最大限度地保持食物的味、形和营养，可以避免受热不均和过度煎、炸造成有效成分的破坏和有害物质的产生，对人体健康非常有利。

蒸不产生自由基

食物在进行煎、炸等高温烹调时，会使得食用油氧化，当人体进食后会在体内产生对人体有害的自由基，而自由基是加速人体衰老和加剧各种心血管疾病发生的罪魁祸首。

蒸品能调理肠胃

蒸菜时菜品可以保持原有水分不流失，所以蒸出来的食物比较松软鲜嫩，进入胃肠里更容易被消化吸收，不会对肠胃造成刺激，常食对胃肠健康有益。

蒸品卫生又健康

蒸的过程和医学上的湿热灭菌原理相同。菜肴在蒸的过程中，餐具也得到蒸汽的消毒，避免二次污染。

吃蒸菜不上火

现代人经常熬夜，大多数人的身体会有烦渴、皮肤干燥等阴虚表现。由于蒸菜在蒸的过程中是以水渗热，因此吃了蒸制的菜肴不会上火。

想蒸好菜，得先选好新鲜食材

相较于其他的烹饪方式，"蒸"对食材的要求更高，必须保证食材新鲜才能蒸出一道好菜肴。因为运用"蒸"的烹饪方法，能够最大限度地保存海鲜、肉类、禽蛋、蔬菜等食材的原汁原味和营养成分。保持食材的本真本味，蒸出来的菜品或清鲜美味或浓香开胃，滋补养生。

选购新鲜蔬菜的时候，最好选择无污染的有机蔬菜。现在超市和农贸市场都有直销定点专柜售卖清理干净后小包装摆放的有机蔬菜，可以放心选购。

选择叶类蔬菜以外观水灵、鲜嫩无烂叶、拿起来观察菜根没被水浸过的为佳。如果发现菜根有水滴掉下来的就是浸过水的菜，最好不要买，因为不知道菜农是用什么水浸泡的，如果是污水浸泡过的蔬菜，放到晚上就会腐烂。

芹菜、小葱等，如果当天买多了，可以用保鲜袋扎起来，将露出的根部浸入水杯中，可以保持新鲜好几天。生姜、大蒜要选择形状完好、干燥无水的，如果发现有腐烂变色的就不要买，以防中毒。

豆制品最好选择小包装的盒装产品，要仔细看生产日期，当天买当天吃肯定新鲜。千张和豆腐干虽然有包装，也要看生产日期，还要拿起来隔着袋子摸一下，如果发现里面发黏，就表示不新鲜了。如果是没有包装的板豆腐，要闻一下，如果有酸味、表面发黏就表示变质了。

选购猪肉、羊肉、牛肉时，首先要去正规的大超市和国家定点挂牌的直销店购买，这样的肉类在品质上有国家食品检疫保证。选择这些肉类食材时要注意，肉看上去要有光泽、淡红色、无囊肿和淋巴颗粒结节；闻起来无异味；用手按下去有弹性，能马上恢复；买回来的肉没有水渗透出来的是好肉，千万不要购买不健康的注水肉和病肉。

选购淡水鱼虾时，要看全身的鳞片、虾壳是否完好，那些精力十足、来回游弋、呼吸吐气的鱼虾是优质的。不要购买那些鱼肚斜翻或鱼身异形、变色的鱼，也不要买那些虾头断了的不新鲜的虾。

若需要购买冰鲜冷冻过的海水鱼，要看鱼身是否完整，可以用手摸一下鱼身，感受肉质有没有腐烂，还可以挖开鱼鳃看看是否鲜红无粘连。如果发现鱼鳃呈暗红色，就说明鱼不新鲜了。

选购螃蟹要挑选蟹脚完整的。将螃蟹翻过身放在盆里，会马上翻过来爬动的是新鲜好蟹。反之，蟹脚发软的，就是不新鲜的。贝类、螺类等小水产，要挑选那些在水盆中吐水换气的。如果是没有张开口的死贝、死螺就不要买。注意，这类小水产买回家后要在清水里静养一天，滴几滴芝麻油可以让它们尽快吐尽泥沙，等泥沙吐尽后才能烹饪。

蒸制食材的诀窍

蒸菜的用料较为广泛，一般多用如鸡、鸭、猪肉、鲍鱼、虾、蟹、豆腐、南瓜、冬瓜、土豆等原料。蒸菜看似简单，其实也有很多诀窍，只有对食材的烹饪诀窍了然于心，才能蒸出美味菜肴。

蒸土豆的诀窍

土豆营养丰富、易于储存，不管是平凡的家常菜还是高档的宴席上，都能找到它的身影。蒸土豆是食用土豆最理想的烹调方式，对营养成分损伤很小，还能保留天然清香。如果是直接蒸土豆则最好带皮蒸制，这样土豆营养损失更少，且维生素C保留得更多。土豆蒸熟后压成泥，口感松软，更适合老人和孩子食用。蒸后的土豆经过合理搭配，还能作为需要控制体重、血糖、血压等人群的食疗菜肴。

蒸猪肉的诀窍

选料应用带皮的猪五花肉，这种肉肥瘦相间，成菜后既好看，口感又嫩滑。肉片切得不宜过厚、过大，可以切得稍微薄一些，这样能加快蒸熟的时间，容易蒸软，吃的时候也方便，而且口感好。调味时，酱油、糖、酒、鸡粉与水要适量，黏在肉片上的米粉要湿透，否则不论蒸多久，米粉都是干干的，不易入味。蒸时要用旺火，能使肉蒸得软烂，肉中油分出尽，吃的时候才会油而不腻。出锅摆盘时，可将碗中蒸肉反扣到大盘上，较为美观。

蒸排骨的诀窍

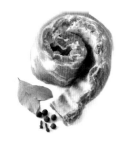

排骨，分为腩排与赤排。腩排瘦中带肥，即瘦肉中间隔着肥肉；赤排又称肉排，全是瘦肉，而且肉质粗糙。不论清蒸排骨、豉汁蒸排骨、梅子蒸排骨，都应选用腩排，蒸出来的排骨才会嫩滑。 排骨调味时要加少量水，因为排骨吸水分后会变得更加柔软；还可以加生粉，生粉起滑嫩的作用；食用油可促进肉质爽滑，所以腌渍时，水、生粉、食用油都是不可缺少的。

蒸鸡肉的诀窍

清蒸鸡是生活中常见的一道菜肴，在烹制时要掌握秘诀，应选嫩母鸡或鸡腿、鸡翅，其中以鸡中翅的肉质最爽滑。调味品，要按顺序加入，一般是先加入生抽、蚝油、盐、糖、鸡粉拌匀，其次加姜汁、酒、生粉，最后加芝麻油、食用油拌匀，这样可使肉质嫩滑多汁；酱油、蚝油、盐等可调味，生粉起润滑的作用，食用油可促进鸡肉爽滑，蒸时又能防止鸡块之间黏在一起。蒸鸡的时候，碟或盘要稍微大一些，并且鸡块不宜叠放，中间要适时翻动，也不可蒸得过久，这样才能使鸡肉嫩滑味鲜。

蒸牛肉的诀窍

牛肉既富有弹性又美味，它的制作诀窍是：要用新鲜牛肉，最好选用牛腿肉或牛脊侧肉为好，并须去除筋，这样蒸出来的牛肉才会嫩滑。牛肉可放在砧板上用刀背拍几下，这样更易入味。如用腐竹垫底，可将腐竹用清水浸软，沥干，然后放上牛肉，上笼蒸熟即可。

蒸螃蟹的诀窍

不论海蟹，还是河蟹、湖蟹，最好的吃法是清蒸，清蒸最能保存蟹的鲜味，又不会使蟹膏流失。蒸蟹前，必须先将蟹用竹签插入心脏至死，或放进冰柜上层冰格急冻后再蒸，才不会脱爪（如将活蟹直接蒸，其爪会大部分脱落）。蒸蟹前先把蟹用牙刷洗净，去掉身上污物，然后挤去蟹脐中的粪便再去蒸制。

蒸蟹时，要待水烧开后再放入蒸笼，并且水不要放得过多，要避免水浸到蟹，如水浸到蟹，则蟹盖会张开，使蟹黄流失，如水不够可随时加热水。要把蟹四脚朝天放，蟹背的膏质才会凝结下坠，不易散到蟹肢中，这样蒸出来的蟹，膏滑，口感更佳。

烹饪工具的选择

　　锅和菜必须要有良好的匹配才能取得最佳效果。所以，选择一口适配的好锅对蒸菜至关重要。

传统蒸锅

　　比起电蒸锅，传统蒸锅更为大多数人所熟知。说起它的优点，非常显著：首先，它的操作方法特别简单，简单到不必阅读难懂的说明书就人人会用；其次，它非常结实耐用，因为没有复杂的电器元件，所以也不需要保养，只要每次使用完后，进行常规的清洁即可，即使是结了水垢，也不会影响使用效果。现在市场上的传统蒸锅多为金属材质，其中以不锈钢材质最为多见。优质的不锈钢蒸锅不但美观，还非常容易清洁，只要使用得当，就无须为它的使用寿命担心。

　　传统蒸锅的另一个优势在于容量大，可以轻轻松松地烹制出足够全家人享用的美食，因此传统蒸锅更适合三口人以上的大家庭使用，如果家里有老人，不太习惯使用电器的话，传统蒸锅仍然是个不错的选择。

电蒸锅

电蒸锅是传统蒸锅的延伸与发展，它同传统蒸锅一样，是使用蒸汽原理使食物成熟或进行加热，烹饪过程中不使用油，原汁原味，能有效保存食物中的营养成分。在使用方面，因为是使用安全清洁的电能，因此无须照看，且安全性高。

电蒸锅的定时功能，可以让烹饪经验不太丰富的新手也能轻松搞定各种美食，只需选择按键，余下的工作交给电蒸锅就可以了。另外，一般的电蒸锅都有两至三层蒸格，可以根据需要烹饪的食材大小对蒸格进行自由组合。选购时，尽量选择具有过热及干烧保护功能的电蒸锅，这样使用起来会更加安心。有一些电蒸锅还具有智能功能，例如可以提示何时需要清除水垢以及低水位提示等。

电蒸锅的功率一般在700～1800瓦，电压为220伏，容量为5~20升。电蒸锅主要用来蒸鱼虾类、禽蛋类、肉类、面食类等食物，同时也可以用来炖汤、煲粥，是一个具有多种用途的烹饪工具。

常见的蒸制方法

蒸菜根据蒸汽的使用方法，可以分为足汽蒸与放汽蒸两种。根据蒸制菜品的具体方法及风味特色，又可以分为清蒸、粉蒸、旱蒸三类。

◈ 清蒸

将主料加工处理后加入调料，再加入汤（或水）放入器皿中，使之加热至熟。

1.原料的选择及加工

清蒸菜肴的原料要求是新鲜，例如鸡肉、猪肉、海鲜等。初加工时必须将原料清洗干净，清蒸前一般要进行余水处理。对于大块原料，清蒸时采用旺火沸水长时间蒸制；而对于丝、丁等小体积原料，则采用旺火沸水迅速蒸的方法。

2.调味

清蒸菜肴的味型以咸鲜味为主，常用的调味品有盐、胡椒粉、姜、葱等，调味以清淡为佳。

3.装盘

清蒸菜肴的装盘分为明定盘和暗定盘两种。明定盘是指将原料按一定形态顺序装盘，蒸制后原器皿上桌；暗定盘则要求换盘后再上桌。

4.成菜特点

此类蒸法的菜品具有呈原色、汤汁清澈、质地细嫩软熟的特点。

❖ 粉蒸

将原料用炒好的米粉和调味料拌匀，而后用蒸汽加热成软熟滋糯的菜品。

1.原料的选择加工

粉蒸通常选用质地老韧无筋、鲜活味足、肥瘦相间或质地细嫩无筋、易熟的原料，例如鱼、肉类、根茎类、豆类熟菜等。原料的形状多以片、块、条为主。

2.调味

粉蒸菜肴需要先调味，只有经腌渍入味后的原料，蒸制时才能取到良好的效果。粉蒸菜肴的味型有咸鲜味、五香味、家常味、麻辣味、咸甜味等常见味型。拌制时用到的米粉，一般是将籼米炒至微黄，晾干研磨成粉。拌制的干稀程度也应根据原料的老嫩程度和肥瘦比例来灵活掌握。

3.装盘

粉蒸原料在摆放时应当疏松，原料相互之间不能压实压紧，否则影响菜肴的质量。原料质地细嫩松软的菜品，要用旺火沸水速蒸；原料质地软烂不散的菜品，可用旺火沸水长时间蒸。

❧ 足汽蒸

将加工好的生料或经过前期热处理的半成品放盛在盘中，加调味品拌匀，入蒸锅或蒸箱中，蒸制到需要的熟度，其间要盖严盖，不可漏汽。

足汽蒸通常选用新鲜的动植物原料，进行相应刀工处理后，放饱和蒸汽中加热到熟。足汽蒸的加热时间应根据原料的老嫩程度和成品的要求来控制，要求"嫩"，则时间应控制在8~15分钟；要求"烂"，则时间控制在1.5小时内。

❧ 旱蒸

旱蒸又称为扣蒸，所用原料只需加调味品不加汤汁，有的器皿还要加盖或封口。

1.原料的选择加工

旱蒸菜肴大多采用新鲜无异味、易熟、质感软嫩的原料，如鸡肉、鸭肉、鱼、虾、猪肉、蔬菜、水果等。

2.调味

旱蒸菜肴大多数为咸鲜味，蒸制成菜后，还应调味或辅助调味。

3.装盘

利用旱蒸方法成菜，有的直接翻扣入盘、碟等器皿上菜，如桂圆烧甜白；有的则要加汤后再上菜，如芝麻肘子；有的要挂汁后上菜，如白汁鸡羹；有的要淋味汁或配味碟上菜，如姜汁目鱼。

4.成菜特点

形态完整，原汁原味，鲜嫩可口。

❧ 放汽蒸

放汽蒸通常用于极嫩的蓉泥、蛋类原料。将原料经加工成蓉泥后放入笼中蒸制成熟，在此过程中不必将盖子盖严实。

此种成菜方法，根据原料的性质和菜品的不同要求，需要在蒸制的不同时段放汽，通常有三种方法：开始放汽、中途放汽和即将熟时放汽。例如，蒸鸡蛋羹，其蒸制时间就不能过长，汽也不能足，要先用中火慢蒸，待锅中的水沸腾产生蒸汽充足时就要放汽。

蒸制的火候选择

　　火候是指在烹饪过程中，根据菜肴原料老嫩硬软、厚薄大小和菜肴的制作要求，所采用的火力大小和时间长短。火候是烹调技术的关键环节，在菜品烹调过程中有好的原料、辅料、刀工，若火候不够，则菜肴不能入味，甚至半生不熟；若过火，就不能使菜肴鲜嫩爽滑，甚至会煳焦。同样，要想保证蒸菜的质量，在蒸制过程中必须严格掌握火候。比如，用旺火沸水速蒸适用于质嫩的原料，如鱼类、蔬菜类等，要蒸熟但不能蒸烂，时间为15分钟左右。对质地粗老、要求蒸得酥烂的原料，应采用旺火沸水长时间蒸，如香酥鸭、粉蒸肉等。而原料鲜嫩的菜肴，如蛋类等，则应采用中火、小火徐徐蒸。用不同的原料制作蒸菜时，火力的强弱和时间长短都要有所区别。

旺火沸水速蒸法

　　这是指用旺火加热至水沸腾后，再将处理好的原料放入笼内迅速蒸熟的方法。这种方法适合新鲜度高、质地细嫩、易熟、无筋、鲜味足的鱼虾、禽类、畜类等原料。除蒸全鱼外，原料大多应加工成片、条、小块等形状，原料只需蒸熟，但不要求蒸至软熟，如果蒸过了头，则原料会变老。蒸制时间依据原料不同，一般为10～15分钟。常见菜肴有清蒸鱼、珍珠丸子、粉蒸鱼等。

旺火沸水慢蒸法

这是指用旺火加热至水沸腾后，再放入处理后的原料，经过较长时间将原料蒸至软熟。这种方法适合原料新鲜、质地较老、形体较大的全鸡、全鸭、猪肘等原料。菜肴要求软熟而形整，如果火候不到，则老韧难嚼。通常蒸制时间为1~3小时。

中火沸水缓蒸法

这是指先用中火加热至水沸腾时，再放入处理好的原料，将菜肴徐缓蒸熟的方法。这种方法适宜于新鲜度高、细嫩易熟、不耐高温的原料或半成品。如果火力过大、时间过长，就会导致菜肴起蜂窝眼、质老、色变、口味差，特别是蒸制有图案的工艺菜时还会因此而变形，影响菜肴的美观。所以这种蒸法的火力不能过旺，笼内温度也不能太高。通常制作鸡羹、鱼羹、肉羹、芙蓉嫩蛋、百花虾羹等菜肴时，均要用到此种蒸法。

小火沸水保温蒸法

这种方法常用于某些菜肴保温。它不会因继续加热而使菜肴改变质感，或是使菜肴失去风味。此法在大型宴会中最为常见。

🏵 蒸菜小妙招

"民以食为天"——于今时今日已被注入新的理念，大众对饮食的要求不仅仅在于吃饱、吃好，更在于讲究科学营养、健康安全。制作蒸菜也不例外，那如何才能把蒸菜做得既美味又营养呢?

1.要选择新鲜原料。因为蒸制时原料中的蛋白质不易溶解于水中，调味品也不易渗透到原料中，所以能最大限度地保持原汁原味。因此，必须选用新鲜原料，否则蒸出来的菜肴口味会受影响。蒸食选料多用鸡肉、鱼、鸭肉、猪肉、豆腐、南瓜、山药、莲藕、土豆、冬瓜等;而牛蹄筋、干豆类等干硬的原料则不适合蒸。

2.采用蒸制时，食物的体积不要太大，否则需要较长的加热时间。如果加热时间太长，因加热而引起的营养物质的破坏就会增加;反之，如果蒸的时间不够，食材又会出现外熟里生的问题。所以，在蒸制之前，一般要将食材切成薄片、细丝、小块或者剁碎等。

3.分阶段调味。调味分为基础味和补充味。基础味是在蒸制之前进行的调味，目的是使原料入味，时间宜长，尽量少用辛辣味重的调味品，否则会掩盖原料本身的鲜味，从而影响成品风味；补充味则是在蒸熟后加入芡汁，芡汁要咸淡适宜，不可太浓。

4.根据原料耐汽冲的程度，可以分别采用急汽盖蒸和开笼或半开笼水滚蒸。急汽盖蒸，即盖严后在沸滚气体中蒸开；开笼或半开笼水滚蒸，即暖汽升蒸，在冷水上逐渐加热至汽急后蒸成的方法。

5.在水滚开后放入材料。蒸菜时应等水开后再放入食物，否则会导致蒸汽中的水渗入食物中增多，使蒸出来的食物水分增大，从而影响口感。同时，也会使食材中的维生素C的营养流失增加。

6.补水时要加热水。在蒸制食物之前，锅内必须装够足量热水。如果水太少的话，蒸汽量就会相应减少，蒸笼边缘易烧焦，一旦发现水量不够，应立刻加入热水，这样温度才不会下降，并且可以一直保持足够的蒸汽量，不会影响食材的持续加热，对最终的口感非常有帮助。

7.蒸菜时，必须注意分层摆放，汤水少的菜品应放在上面，汤水多的菜品则放在下面，淡色菜品放在上面，深色菜放在下面；不易熟的菜品放在上面，易熟的菜放在下面。

8.蒸菜时应尽量不要在中途打开锅盖，否则会导致锅内的蒸汽散尽，影响菜的口感和味道。

蒸菜所需注意事项

蒸菜虽是深受大家欢迎的健康饮食，但也有很多事宜需要大家关注和避免。下面就向大家介绍一些常见的蒸制方面的错误，希望大家能避开。

1.食材本身的营养成分问题。比如肥猪肉、肥鸭、肥鹅等食材，蒸制时不需额外添加食用油，因其肉本身很肥，若再添加食用油，会导致摄入的脂肪过多。人若长期食用，会增加心脑血管病发生的风险。此外，这样的菜肴脂肪和热量都很高，特别是肥胖者还是少吃为佳。

2.食物先炸后蒸，油脂成分很高。比如四喜丸子，已经先用油炸过，再加上肉里有很多的肥肉，所以，这种食材尽管采取了蒸的方式，但也属于高热量食物，宜少量食用，更不可长期食用。

3.避免食材中威胁健康的成分。比如咸鱼、火腿、咸菜等，原材料本身含有大量的亚硝酸盐和大量的食用盐，这些成分用蒸的方法是去除不掉的，蒸制后的菜肴同样存在着对健康不利的成分。

4.蒸制不宜加入大量的烹调油（或者肥猪肉）、糖、盐或者是豆瓣酱、辣椒酱、酱油、盐、泡椒等含盐量很高的调味品。

5.在蒸制菜肴的过程中，原料不易与调味料相结合，尤其是当笼中气体饱和时，菜肴本身的汁液不易渗出，调味料更难以进入原料中。所以，蒸菜主要依靠加热前的调味，而且要一次调准。

6.认为营养、健康而过多进食。把蒸菜作为营养餐之一是聪明的选择，但如果认为蒸菜有益健康而没有节制地多吃，就不明智了。

美味百搭酱汁

◉ 蒜蓉辣椒酱

🧂 材料

红辣椒500克，大蒜25克，洋葱80克，盐、鸡粉、甜面酱、白糖各适量

🍲 做法

1.大蒜剥皮，切碎。

2.红辣椒去蒂，洗净，沥干；洋葱洗净，切块。

3.搅拌机加少量水，将红辣椒打碎。

4.将大蒜、洋葱均打成泥，与辣椒拌匀，加入甜面酱，搅匀后开火熬煮，再加入盐、鸡粉，不断搅拌至熟，最后加白糖拌片刻即可关火。

⬤ 简易辣椒酱汁

🧂 材料

甜米酒100毫升，七味粉10克，盐6克

🍲 做法

1.取一个干净的碗，洗净，倒入甜米酒。

2.将七味粉加入碗中，搅拌均匀，再放入盐。

3.用筷子将碗中的食材充分搅拌均匀。

4.将拌好的食材倒入备好的杯中即可。

● 辣椒油

材料

干辣椒30克，熟白芝麻8克，食用油适量

做法

1.将备好的干辣椒倒入干磨杯，盖上盖，安装在机座上，按下"干磨"键，待食材磨碎，取下盖子，将其倒入碗中。

2.加入白芝麻，注入适量清水，搅拌均匀。

3.热锅注入适量食用油，烧至八成热，将烧好的热油浇在食材上，拌匀即可。

● 叉烧酱

📊 材料

葱白80克，鱼露10克，洋葱、大蒜各适量，红曲粉10克，酱油、蚝油各50毫升，白糖60克，食用油、水淀粉各适量

🍲 做法

1.大蒜和葱白均洗净，切碎；洋葱洗净，切成末。

2.蚝油加鱼露、酱油、白糖、少许清水、红曲粉拌匀。

3.锅烧热，放入适量食用油，倒入葱末和蒜末翻，翻炒出香味。

4.加入拌好的调料、洋葱末，加入水淀粉，炒至黏稠，关火即可。

● 花生酱

🧂 **材料**

花生350克，黄油50克，盐3克，白糖7克，色拉油适量

🍲 **做法**

1.锅烧热，放入备好的花生，小火炒香，捞出，去皮备用。

2.将去皮花生放入搅拌机，搅拌成泥。

3.将黄油放入容器中，再加入盐和白糖，加入色拉油，搅拌均匀。

4.倒入搅拌好的花生泥，搅拌均匀即可。

● 芝麻酱

材料

白芝麻300克，芝麻油少许

做法

1.将白芝麻放入锅中用中小火翻炒，炒至散发出香味。

2.将炒好的白芝麻放凉后放入搅拌机中，打成芝麻粉。

3.把打好的芝麻粉再继续搅拌，然后加入少许芝麻油，搅打均匀即可。

● 酸梅酱

材料

酸梅500克，盐、冰糖各适量

做法

1.将酸梅洗净，撒上盐，腌渍3小时。

2.将腌过的酸梅洗净，放入沸水锅中，煮至变软，捞出。

3.将煮过的酸梅倒入砂锅中，加入冰糖、适量清水，边煮边用勺子压烂酸梅。

4.边煮边压，煮至浓稠即可。

● 番茄酱

材料
西红柿4个，白糖少许

做法
1.锅中注水烧开，放入洗净的西红柿，烫片刻捞出，去皮，切成小丁块，备用。

2.锅中放入切好的西红柿丁，加入少许清水，熬煮至西红柿汁水浓稠。

3.加入少许白糖，搅拌至白糖完全溶化即可。

● 酸辣酱油汁

🧂 材料

辣椒圈、蒜末各适量，酱油40毫升，醋5毫升，芝麻油少许

🍲 做法

1.将酱油倒入备好的碗中，再加入醋，搅拌均匀。

2.将适量芝麻油淋入碗中，搅拌均匀，加入蒜末拌匀。

3.放入备好的辣椒圈，搅拌均匀后静置一段时间，捞出辣椒圈即可。

◉ 海带柠檬汁

🧂 材料
水发海带1张（70克），柠檬汁、白醋各3毫升，椰子油、生抽各5毫升，蜂蜜5克

🍲 做法
1.将洗净的海带切条，切碎。

2.往备好的碗中倒入海带。

3.加入生抽、白醋、柠檬汁、蜂蜜、椰子油，充分拌匀。

4.将入味的海带倒入备好的杯中，放在冰箱冷藏1天即可食用。

● 葱花木鱼汁

材料

木鱼花10克，葱花5克，黑胡椒粉2克，生抽2毫升，椰子油3毫升

做法

1.将木鱼花装入备好的大碗中，用手捏碎。

2.将捏碎的木鱼花倒入另一个干净的碗中，加入适量椰子油。

3.将生抽、黑胡椒粉加入碗中，搅拌均匀。

4.碗中倒入适量的开水，边倒边搅匀，撒上葱花，搅拌均匀即可。

◉ 低糖草莓酱

🧂 材料

草莓260克，冰糖5克

🍲 做法

1.将洗净的草莓去蒂，切成小块，待用。

2.锅中注入约80毫升清水，倒入切好的草莓，搅拌均匀。

3.将冰糖加入锅中，搅拌约2分钟至冒出小泡。

4.调至小火，继续搅拌约20分钟至草莓酱呈黏稠状，关火后将草莓酱装入小瓶中即可。

第二章

蔬菜也要有滋有味

健康餐盘要多吃蔬菜，早已经成为一种环保且健康的饮食方式，也受到了很多人的追捧。蔬菜的种类很丰富，日常的制作的方式多以蒸、煮、炖、炒、拌为主。在这些烹调方式中，蒸菜相比其他烹调方式，不仅可以最大限度的保留食材的营养，而且口味上也百变，更主要的是可以很好地做到控油。

● 千层圆白菜

材料

圆白菜500克，甜椒30克，熟芝麻少许，盐3克，
酱油、芝麻油各适量

做法

1.圆白菜洗净切方块；甜椒洗净，切成小块。

2.碗中倒入盐、酱油、芝麻油调成味汁，将圆白
菜泡在味汁中。

3.将圆白菜一层一层叠好放盘中，甜椒放在圆白
菜上。

4.蒸锅上火烧开，放入圆白菜，蒸熟后取出，撒
上熟芝麻即可。

【温馨提示】

圆白菜易蒸熟，所以蒸制
的时间要把握好。

【营养分析】

圆白菜营养价值高，其中
含有的异硫氰酸盐具有很好的
抗氧化、抗癌的功效。且圆白
菜本身热量低，饱腹感强，是
纤体瘦身的优选食材。

● 草菇蒸大白菜

🕐 烹饪时间：8分钟
🍴 难易程度：简单

🧂材料

草菇100克，胡萝卜片50克，大白菜300克，香菜叶少许，盐3克，水淀粉20毫升，食用油适量

🍲做法

1.草菇洗净，对半切开；将大白菜洗净，切条。

2.蒸锅中注水烧开，放入备好的草菇、大白菜、胡萝卜片，蒸至熟软。

3.取出蒸好的食材，放入盘中备用。

4.锅中注入适量食用油，大火烧热，放入盐、水淀粉炒匀，浇入蒸好的菜肴中，放上香菜叶即成。

【温馨提示】
　放盐和水淀粉翻炒时要根据自己的菜量而定。

【营养分析】
　白菜中含有丰富的维生素C可以起到很好的抗氧化、美肤的作用；白菜中还含有丰富的粗纤维，具有润肠通便，呵护肠道健康的作用。

● 剁椒腐竹蒸娃娃菜

烹饪时间：10分钟

难易程度：简单

材料

娃娃菜300克，水发腐竹80克，剁椒40克，白糖3克，生抽7毫升，蒜末、葱花各少许，食用油适量

做法

1.洗好的娃娃菜对半切开，切成条状；泡发洗好的腐竹切成段。

2.锅中注水烧开，倒入娃娃菜，汆至断生，捞出，沥干水分，码入盘内，放上腐竹。

3.热锅注油烧热，倒入蒜末、剁椒，翻炒爆香，加入白糖，翻均炒匀，浇在娃娃菜上，待用。

4.蒸锅上火烧开，放入备好的食材，盖上锅盖，大火蒸10分钟至入味。

5.掀开锅盖，将食材取出，撒上葱花，淋入生抽即可。

【温馨提示】

如果不喜欢葱花，可以选择少放或者不放。如果娃娃菜切得比较厚，汆的时间要把握好，以免未熟透影响口感。

【营养分析】

娃娃菜含有丰富的纤维素及微量元素，有助于预防结肠癌。

● 茄汁蒸娃娃菜

🕐 烹饪时间：8分钟

🍴 难易程度：简单

🧂 材料

娃娃菜300克，红椒丁、青椒丁各5克，盐、鸡粉各2克，番茄酱5克，水淀粉10毫升

🍲 做法

1.娃娃菜洗净切瓣，装在蒸盘中，摆好。

2.备好电蒸锅，烧开后放入蒸盘，盖盖，蒸约5分钟至熟软，取出。

3.炒锅置火上烧热，倒入青、红椒丁，炒匀，放入番茄酱，炒香。

4.加入鸡粉、盐、水淀粉，调成味汁，浇在蒸盘中即成。

【温馨提示】

　　菜的味汁很重要，可以根据自己的口味适当地添加或减少部分调料。

【营养分析】

　　娃娃菜含有多种B族维生素、维生素C、钙、钾、镁等对身体非常有益的营养成分。娃娃菜的钾含量非常高，钾是维持神经肌肉应激性和正常功能的重要元素，经常有倦怠感的人不妨多吃点含钾高的蔬菜。

● 芋儿娃娃菜

烹饪时间：15分钟

难易程度：简单

材料
娃娃菜300克，小芋头100克，青椒粒、红椒粒、红椒丝各5克，盐、鸡精、生粉各适量

做法
1.娃娃菜洗净切瓣，装盘。

2.将小芋头去皮洗净，摆在娃娃菜周围。

3.撒上备好的青椒粒、红椒粒、红椒丝。

4.生粉加少许清水，再放入盐和鸡精，搅匀浇在盘中。

5.蒸锅上火烧开，放入食材，蒸15分钟即可。

【温馨提示】
　　小芋头和娃娃菜都是容易蒸熟的食材，所以蒸制的时间不宜过长。

【营养分析】
　　娃娃菜本身水分含量高，热量低，膳食纤维含量高，是纤体护肠的优质健康食材。

● 蒸韭菜

🕐 烹饪时间：8分钟
🍴 难易程度：简单

🧂 材料

韭菜100克，熟花生10克，盐、鸡粉各
2克，干淀粉8克，芝麻油适量

🍲 做法

1.择洗好的韭菜对半切开，备好一个
大容器，倒入韭菜、盐，搅拌片刻，
再将韭菜静置腌渍2分钟。

2.将韭菜中多余的水倒掉，再加入鸡
粉，放入备好的干淀粉，搅拌均匀。

3.将韭菜装入蒸盘中，备好电蒸锅，
加水烧开，放入韭菜。

4.盖上锅盖，将时间旋钮调至3分钟。

5.蒸好后掀开锅盖，将韭菜取出，撒
上芝麻油、熟花生即可。

【温馨提示】
用盐腌渍可以让韭菜的口感更好。

【营养分析】
韭菜含有大量维生素和膳食纤维，能增进胃肠蠕动，防治便
秘，有益于肠道健康，故韭菜也被称为"洗肠草"。

● 豉汁蒸腐竹

烹饪时间：20分钟

难易程度：简单

材料

水发腐竹300克，豆豉20克，红椒30克，葱花、姜末、蒜末各少许，生抽5毫升，盐、鸡粉各2克，食用油适量

做法

1.红椒洗净，去籽切成粒；腐竹泡发切长段。

2.热锅注油烧热，放入姜末、蒜末、豆豉，爆香，倒入红椒粒、生抽、鸡粉、盐，炒匀。

3.关火，将炒好的材料浇在腐竹上，蒸锅上火烧开，放入腐竹。

4.大火蒸20分钟，再将腐竹取出撒上葱花即可。

【温馨提示】

在制作这道菜之前要提前将腐竹浸泡透。

【营养分析】

腐竹中含有的大豆磷脂可清除附在血管壁上的胆固醇，防止血管硬化，预防心血管疾病，保护心脏。

● 梅干菜蒸豆腐

难易程度：简单

材料

豆腐200克，梅干菜50克，红椒丁10克，蒸鱼豉油10毫升，食用油适量，姜丝8克，葱花3克，豆豉4克

做法

1.洗净的豆腐切粗条，装盘；洗好的梅干菜切碎；豆豉切碎。

2.用油起锅，放入姜丝，爆香，倒入切碎的豆豉，翻炒均匀。

3.放入切碎的梅干菜，翻炒至香味飘出，铺在豆腐上，撒上红椒丁。

4.取出已烧开水的电蒸锅，放入食材，盖上锅盖，调好时间旋钮，蒸10分钟至熟。

5.揭开盖，取出蒸好的梅干菜和豆腐，淋入蒸鱼豉油，撒上葱花即可。

【温馨提示】

　　梅干菜要多洗几遍，从去除泥沙。口味偏重者，可在炒梅干菜的时候加入少许盐。

【营养分析】

　　梅干菜在制作的过程中蛋白质分解后产生氨基酸，香味独特。需要注意的是，梅干菜本身含盐量高，一是控制食用量和频率；二是食用的时候要减少其他菜肴的用盐量。

045

● 蒸白萝卜

烹饪时间：10分钟

难易程度：简单

材料

去皮的白萝卜260克，葱丝、姜丝各5克，红椒丝3克，花椒适量，生抽8毫升，食用油适量

做法

1.将白萝卜切成0.5厘米左右的厚片。

2.将白萝卜片一个叠一个地摆好，围成圆形，放上姜丝。

3.蒸锅上火烧开，放入白萝卜，盖上盖，蒸8分钟左右至白萝卜熟透。

4.开盖，取出蒸好的白萝卜，捡出姜丝，再放上备好的葱丝和红椒丝。

5.锅注油烧热，放入花椒，炒香后再将花椒夹出，将热油浇在白萝卜片上，再淋入少许生抽即可。

【温馨提示】

白萝卜要切得薄一些，后期加酱料时可以使白萝卜更加入味。

【营养分析】

白萝卜中含有丰富的维生素A、维生素C等。维生素A和维生素C都有抗氧化的作用，可以有效抑制癌症。

◉ 干贝蒸萝卜

🕐 烹饪时间：20分钟

🍴 难易程度：简单

🧂 材料

白萝卜250克，干贝6粒，盐1克，芝麻油适量

🍲 做法

1.干贝泡软洗净，备用。

2.白萝卜洗净削去皮，切成段，中间挖一小洞，但不挖穿，将干贝一一塞入，盛于容器内，均匀地撒上盐，放置片刻。

3.蒸锅注水烧开，放入备好的白萝卜，蒸至熟，取出，浇上芝麻油即成。

【温馨提示】

干贝一定要泡软，这样后面才能蒸得更入味一些。

【营养分析】

白萝卜营养丰富，素有"小人参"的美誉。白萝卜中含有充足的水分、多种B族维生素、维生素C、钾、钙、硒、膳食纤维等多种对身体有益的营养物质。

● 辣蒸白萝卜

烹饪时间：5分钟

难易程度：简单

材料

白萝卜300克，干红辣椒3个，香菜叶少许，白醋、白糖、盐各适量

做法

1.白萝卜去皮洗净，切长条后加盐腌渍半小时。

2.干红辣椒洗净，切丝。

3.用凉开水冲洗腌好的萝卜条，沥干水分盛盘。

4.将白醋、白糖、盐一起放入萝卜条里拌匀，撒上辣椒丝。

5.蒸锅上火烧开，放入拌好的食材，蒸5分钟取出，放上洗净的香菜叶即可。

【温馨提示】

用凉开水冲洗腌制的萝卜，可以减少残留在萝卜表面的盐分。

【营养分析】

白萝卜不仅含钙量高，且不含草酸，所以较其他蔬菜中的钙更易吸收。白萝卜中含有的淀粉酶和芥子油还具有开胃助消化的作用。

● 大枣蒸冬瓜

🕐 烹饪时间：25分钟

🍴 难易程度：简单

🧂 材料

大枣30克，去皮冬瓜300克，蜂蜜40克

🍲 做法

1.洗净的大枣去核，切细条，改切成丁。

2.洗好的冬瓜切大块，底部均匀打上十字刀，均不切断。

3.将切好的冬瓜装盘，倒上切好的大枣，蒸锅注水烧开，放上冬瓜和大枣。

4.用中火蒸20分钟至熟软，取出蒸好的冬瓜和大枣，稍微冷却后淋上蜂蜜即可。

【温馨提示】

　　建议待菜肴稍微冷却一下后，再淋上蜂蜜。

【营养分析】

　　冬瓜本身水分含量高，热量极低，是瘦身菜肴中的不二选择。食用冬瓜时千万不要把冬瓜瓤给扔掉。冬瓜瓤中不仅维生素C含量高而且还含有葫芦巴碱，能抑制糖类转化为脂肪，具有减肥的功能。

● 剁椒蒸芋头

烹饪时间：35分钟
难易程度：简单

🧂 材料

芋头500克，剁椒、葱花各适量，红油20毫升，盐5克，芝麻油10毫升

🍲 做法

1.芋头清洗干净，放入烧开的蒸锅中蒸熟，取出后去皮。

2.将芋头、剁椒、葱花一起装盘，加入红油、盐拌匀。

3.蒸锅上火烧开，放入剁椒芋头。

4.加盖，大火隔水蒸30分钟后取出，淋入芝麻油即可。

【温馨提示】

如果喜欢芋头硬一点，可以相对减少蒸制的时间。

【营养分析】

芋头含有皂式、黏蛋白、维生素C等多种对人体有益的营养物质，既可以制作成各种主食也可用来做菜。需要注意的是，当选择芋头做菜的时候需要适当减少主食的摄入量，以保证热量平衡，避免增肥的风险。

● 蜂蜜蒸红薯

🧂 材料

红薯300克，蜂蜜适量

🍲 做法

1.将洗净去皮的红薯修平整，切成菱形状。

2.把切好的红薯摆入备好的蒸盘中，备用。

3.蒸锅上火，大火烧开，放入装有红薯的蒸盘。

4.盖上锅盖，用中火蒸约15分钟至红薯熟透。

5.揭盖后，取出蒸盘，待稍微放凉后浇上适量的
蜂蜜即可。

【温馨提示】

　　红薯放凉后浇蜂蜜能让
红薯的口感味道更好。

【营养分析】

　　红薯的淀粉含量比普通
蔬菜高，但它却是低脂肪高
纤维、高钾低钠的食物。红
薯中富含丰富的维生素C、多
种B族维生素、胡萝卜素等多
种对身体有益的成分，不仅
可以保护视力、美肤，还有
助于肠道健康，预防便秘。

● 冰糖百合蒸南瓜

烹饪时间：15分钟

难易程度：简单

🧂 材料

南瓜条130克，鲜百合30克，冰糖15克

🍲 做法

1.把南瓜条放入蒸盘中，放入洗净后的鲜百合，再撒上冰糖，待用。

2.备好电蒸锅，再注入适量的清水，大火烧开，放入备好的蒸盘。

3.盖上盖，蒸约10分钟，至食材熟透。

4.断电后，揭开锅盖，取出蒸盘，稍微冷却后食用即可。

【温馨提示】

　　蒸南瓜的时间不能过长，如若时间过长容易把南瓜蒸烂，从而影响口感。

【营养分析】

　　百合含有糖类、蛋白质、钙、钾、镁、锌、硒、维生素B_1、维生素B_2、泛酸、胡萝卜素、膳食纤维等多种对身体有益的营养物质。百合中含有多种生物碱，具有镇静安神、保护心脑血管系统的功效。

● 蔬菜蒸盘

🧂 材料

南瓜200克，洋葱60克，小芋头4个（130克），熟白芝麻5克，蒜蓉少许，椰子油5毫升，味噌20克，蜂蜜8克

🍲 做法

1.洗净的南瓜去籽，切成块；洗净的小芋头切去头尾，对半切开；洗净的洋葱，切去头尾，切成条形。

2.取出备好的两个竹蒸笼，摆放上洋葱、小芋头、南瓜块待用。

3.电蒸锅注水烧开，放上蒸笼，加盖，蒸15分钟。

4.往备好的碗中放上味噌、椰子油、白芝麻、蜂蜜、蒜蓉，拌匀。

5.注入适量的温水，拌匀制成调味汁。

6.揭盖，取出蒸笼，配上蘸料即可。

【温馨提示】

调味汁可根据个人口感的喜好决定它的甜度或者咸度。

【营养分析】

洋葱富含前列腺素A、类黄酮、皂苷等具有营养功效的成分。

这些物质具有抗氧化、降血脂、提高免疫力的作用。

● 洋葱蒸土豆

🧂 材料

土豆350克，洋葱80克，薄荷叶碎少许，盐2克，鸡粉2克，食用油适量

🍲 做法

1.把去皮洗净的土豆切开，改切成小块；洋葱洗净，切成小块放一旁备用。

2.取一个碗，放入土豆块，加入盐、鸡粉、少许食用油，用筷子拌匀。

3.蒸锅置于火上，转用大火烧开，放入蒸盘。

4.盖上锅盖，用中火蒸15分钟至土豆熟透，放入洋葱，再蒸3分钟，揭开锅盖后取出蒸好的土豆，撒入适量薄荷叶碎即成。

【温馨提示】

土豆块不能切得太大，太大的话不容易掌握蒸制时间。

【营养分析】

土豆中含有抗性淀粉，非常适合瘦身的人群食用（注意需代替部分主食吃，烹调方法以蒸、煮、无油的方式才能更好发挥瘦身效果）。

● 蒜香豆豉蒸秋葵

烹饪时间：25分钟

难易程度：简单

材料

秋葵250克，豆豉20克，蒜泥少许，蒸鱼豉油适量，橄榄油适量

做法

1.洗净的秋葵斜刀切段，取一个盘子，摆上秋葵，待用。

2.热锅内注入橄榄油烧热，倒入蒜泥、豆豉，爆香，将炒好的蒜油浇在秋葵上。

3.蒸锅上火烧开，放入秋葵，盖上锅盖，蒸20分钟至熟透。

4.掀开锅盖，将秋葵取出，在秋葵上淋上适量的蒸鱼豉油即可。

【温馨提示】
　　秋葵含有丰富的可溶性纤维，不宜蒸太熟，以免破坏营养。

【营养分析】
　　秋葵中的膳食纤维属于可溶性纤维素，可以促进消化和胃肠道蠕动，能阻止胆固醇吸收，有降脂通便的作用，食用后会有饱腹感，是不错的瘦身食物选择之一。此外，秋葵中还含有丰富的维生素C、锌、硒等营养物质，具有抗氧化、抗衰老的功效。

● 浇汁山药盒

🕐 烹饪时间：18分钟

🍴 难易程度：一般

🧂 材料

芦笋160克，山药120克，肉末70克，葱花、姜末、蒜末各少许，高汤250毫升，盐、鸡粉各3克，生粉、水淀粉、食用油各适量

🍲 做法

1.将去皮洗净的山药切成片；洗净的芦笋切除根部；肉末装入碗中，加入少许鸡粉、盐、适量水淀粉、葱花、姜末、蒜末，拌匀，制成馅。

2.锅中注水烧开，加入少许盐、鸡粉、适量食用油、芦笋，煮1分钟，捞出，沥干水。

3.取一个山药片，滚上适量生粉，放入少许肉馅，再盖上一片山药，叠放整齐，捏紧，放烧开的蒸锅，蒸约15分钟，取出。

4.炒锅置火上烧热，放入高汤、少许盐、鸡粉、适量水淀粉，调成味汁；取盘，放入芦笋、山药盒，摆好，浇上味汁即成。

【温馨提示】
捏紧山药片时要把握好力度。

【营养分析】
　芦笋营养价值丰富，味道鲜美，软嫩可口，属于低糖、低脂肪、高纤维素和高维生素的绿色健康食物。芦笋中富含丰富的维生素和矿物质元素，其中硒含量颇丰，是美肤纤体抗氧化的优质食材。

● 一品山药

🕐 烹饪时间：15分钟

🍴 难易程度：简单

🧂 材料

山药300克，红豆沙馅45克，食用油少许，蓝莓酱30克，桂花蜜20克

🍲 做法

1.将山药去皮，再用清水洗净。

2.洗净的山药对半切开，再切成块，放入备好的蒸锅中，开大火蒸15分钟，取出，放入保鲜袋中，再擀成泥。

3.备好心形模具，用刷子刷上一层油，放在盘子上，挤入山药泥至八分满，再放入红豆沙馅。

4.挤入适量的山药泥，并用勺子抹平，用模具压出数个模型，装盘，最后分别浇上蓝莓酱和桂花蜜即可。

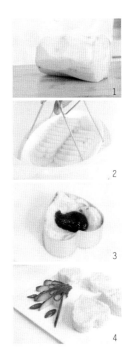

【温馨提示】

可以根据个人喜好准备不一样的模具，但是都要记得先刷一层油再挤入山药。

【营养分析】

山药含有大量的黏液蛋白、维生素及微量元素，能有效预防心血管疾病，有益志安神、延年益寿、益气补血的功效。

 蒜香手撕蒸茄子

烹饪时间：13分钟

难易程度：简单

材料

茄子260克，蒜末、干辣椒各5克，蒸鱼豉油10毫升，食用油适量

做法

1.备好电蒸锅，烧开后放入洗净的茄子。

2.盖上锅盖，蒸约10分钟，至食材熟透。

3.断电后揭盖，取出蒸熟的茄子，放凉后撕成茄条，待用。

4.用油起锅，撒上蒜末、干辣椒，爆香，淋上蒸鱼豉油，拌匀，调成味汁，浇在茄条上即成。

【温馨提示】

食材蒸熟后再撕会更均匀一些。

【营养分析】

茄子中多数抗氧化的物质都集中在茄子皮上，能有效清除自由基、美肤、益于心脑血管健康。建议茄子洗净后连皮一起食用。

● 三味蒸茄子

🕐 烹饪时间：15分钟

🍴 难易程度：简单

🧂 材料

茄子500克，香菜少许，盐5克，豉汁20毫升，剁椒酱30克，XO酱20克

🍲 做法

1.茄子洗净去皮，切成条，备用。

2.锅中注水烧开，放入少许盐，再放入茄条氽一下，捞出，沥干水分。

3.将氽过水的茄子条装入盘中，分别放入豉汁、XO酱、剁椒酱，搅拌均匀，分成3份。

4.蒸锅上火烧开，将拌入味的茄子蒸10分钟，取出，放上洗净的香菜即可。

【温馨提示】

　　在蒸制之前先将茄子氽水，是为了让后期的酱料能更好地入味。

【营养分析】

　　茄子含有龙葵碱，能抑制消化系统肿瘤的增殖，对于防治胃癌有一定效果。

● 豆豉蒸青椒

🧂 材料

青椒200克，豆豉5克，猪油10克，生抽3毫升，盐、鸡粉各2克

🍲 做法

1.洗净的青椒对半切开，去籽去蒂；电蒸锅注水烧开，放入备好的猪油。

2.定时3分钟使其溶化后再将猪油取出，备用。

3.取一个大蒸盘，摆入青椒，往猪油里放入生抽、盐、鸡粉、豆豉，拌匀，浇在青椒上。

4.电蒸锅烧开，放入青椒，调转旋钮定时10分钟，待时间到，将青椒取出即可。

【温馨提示】

怕辣的人可以将青椒籽去掉。

【营养分析】

新鲜的辣椒富含维C，具有抗氧化作用。饮食搭配辣椒，有促进唾液分泌，促进消化的作用。

● 蒸三丝

🕐 烹饪时间：6分钟

🍴 难易程度：简单

🧂 材料

白萝卜200克，胡萝卜150克，水发木耳100克，葱丝少许，盐、鸡粉各2克，水淀粉4毫升，生抽5毫升，食用油适量

🍲 做法

1.洗净去皮的白萝卜切丝；洗净去皮的胡萝卜切丝；泡发好的木耳切丝。

2.锅中注水烧开，分别将白萝卜丝、胡萝卜丝、木耳丝汆片刻，捞出，沥干其中的水分。

3.取一个碗，倒入白萝卜丝、胡萝卜丝、木耳丝，加入盐、鸡粉、水淀粉，搅匀调味，倒入蒸盘中。

4.蒸锅注水烧开，放入三丝蒸入味，取出，放上葱丝，食用油烧热后与生抽浇在三丝上即可。

【温馨提示】

　　将三丝提前汆水，可以使蒸制时间缩短，只要将调料蒸入食材内即可。

【营养分析】

　　木耳中含有丰富的果胶，能很好的促进肠道蠕动，常吃木耳可以起到清理肠道，促排便，减少便秘的发生。

⬤ 什锦蒸菌菇

烹饪时间：15分钟

难易程度：简单

🧂 材料

蟹味菇90克，杏鲍菇80克，秀珍菇70克，香菇50克，胡萝卜30克，白糖、盐、鸡粉各3克，生抽10毫升，葱段、姜片各5克，葱花3克

🍲 做法

1.洗净的杏鲍菇、秀珍菇均切条；洗净的香菇切片；洗好的胡萝卜切条。

2.取空碗，倒入杏鲍菇、秀珍菇、香菇、胡萝卜和洗净的蟹味菇，放入姜片和葱段。

3.加入生抽、盐、鸡粉、白糖，拌匀，腌渍5分钟至入味，装盘。

4.取出已烧开上汽的电蒸锅，放入菌菇，蒸5分钟至熟，取出蒸好的什锦菌菇，撒上葱花即可。

【温馨提示】

菌菇类易熟，蒸制的时间不能过长。

【营养分析】

香菇不仅具有清香独特的味道，更是含有丰富的营养物质。属于"四高一低"（蛋白质、维生素、矿物质、膳食纤维高，脂肪含量低）的绿色健康食物。

● 白酒蒸金针菇

材料

金针菇200克，香菜碎少许，白酒20毫升，黑胡椒碎、食用油各少许

做法

1.洗净的金针菇切去根部。

2.把金针菇装入盘中，浇上白酒，放入烧开的蒸锅中。

3.盖上锅盖，用中火蒸5分钟。

4.揭盖，把蒸好的食材取出，撒上香菜碎、黑胡椒碎，最后浇上少许熟油即可。

【温馨提示】

　　金针菇虽然味美，但是不要大量食用，因为金针菇本身的不可溶膳食纤维含量非常高，大量食用会增加消化系统的负担。

【营养分析】

　　常食金针菇能增强体内的生物活性，促进新陈代谢，有利于营养素的吸收。

● 清蒸西葫芦

烹饪时间：15分钟

难易程度：简单

材料

西葫芦140克，朝天椒30克，蒜末、葱花各少许，盐2克，生抽5毫升，食用油适量

做法

1.洗净的朝天椒切圈，洗好的西葫芦切片。

2.取一盘，摆放好切好的西葫芦，撒上朝天椒圈，加入盐、食用油，放上蒜末待用。

3.在烧开上汽的电蒸笼中放入装有西葫芦的蒸盘，盖上锅盖，将时间设为11分钟。

4.按"开始"键蒸至食材熟透，断电后取出蒸好的菜肴，撒上葱花，淋入生抽即可。

【温馨提示】

如果喜欢此菜咸一点，在最后淋生抽时多淋入一些。

【营养分析】

西葫芦本身水分可以达到95%，热量低、高钾低钠，不仅是瘦身的选择，也是预防高血压及高血压患者的绿色健康食物。西葫芦籽的热量相对果肉会高一些。

第三章

肉香四溢，齿颊留香

　　肉的油脂很多，对于想保持身材又喜欢吃肉的人来说，无疑是一个很大的难题。但是用"蒸"这种烹饪方法就可以很好地解决这个问题。在蒸出多余油分的同时，还可以保持肉的鲜美度，一举两得。

● 水蒸鸡

🕐 烹饪时间：50分钟

🍴 难易程度：简单

🧂 材料

三黄鸡1只，盐适量

🍲 做法

1.将整鸡装入大碗中，撒入适量的盐，涂抹匀。

2.将鸡脚从鸡尾部塞进鸡肚内，再装盘待用。

3.电蒸锅注水烧开，放入整鸡。

4.盖上盖，调转旋钮定时蒸40分钟。

5.揭开盖，将鸡取出即可。

【温馨提示】

蒸鸡时也可用保鲜膜包住，味道会更浓郁。

【营养分析】

鸡肉富含丰富的优质蛋白，是理想动物蛋白的来源。鸡肉的脂肪比牛肉、猪肉含量低且以不饱和脂肪酸为主，对于瘦身、预防心脑血管病等方面起到积极的作用。

● 肉末蒸干豆角

🕐 烹饪时间：12分钟
🍴 难易程度：一般

🧂 材料

肉末100克，水发干豆角100克，葱花3
克，蒜末、姜末各5克，盐2克，生粉
10克，生抽8毫升，料酒5毫升

🍲 做法

1.将泡好的干豆角切碎，肉末中加入
料酒、生抽、盐、蒜末和姜末，拌
匀，腌渍入味。

2.腌好的肉末中放入生粉，拌匀，放
入干豆角中，拌匀，放到盘中，稍稍
压制成肉饼。

3.取出已烧开水的电蒸锅，放入食
材，调好时间旋钮，蒸10分钟至熟。

4.取出肉末蒸干豆角，撒上一些葱花
即可。

【温馨提示】

喜欢偏辣口味者，可以在肉末中放入适量剁椒拌匀。

【营养分析】

干豆角的B族维生素含量非常高，这种营养成分对肠胃有很好
的调理作用，能够促进胃肠蠕动，帮助肠胃有效消化食物。

● 西红柿肉末蒸日本豆腐

烹饪时间：7分钟

难易程度：简单

材料

西红柿、日本豆腐各100克，肉末80克，葱花少许，盐3克，鸡粉2克，料酒3毫升，生抽4毫升，水淀粉、食用油各适量

做法

1.将备好的日本豆腐切段，去除外包装，再切成棋子状的小块。

2.洗净的西红柿切成丁。

3.用油起锅，倒入肉末炒匀，淋入料酒、生抽，加入盐、鸡粉、西红柿，翻炒匀，倒入水淀粉勾芡，制成酱料。

4.取一个干净的蒸盘，放上切好的日本豆腐，摆好，再铺上酱料。

5.蒸锅上火烧开，放入蒸盘，用大火蒸至食材熟透，取出蒸好的食材，撒上葱花，浇上少许热油即可。

【温馨提示】

日本豆腐很容易蒸熟，不能蒸制太久。

【营养分析】

本品降低血压，经常发生牙龈出血或皮下出血的患者吃西红柿有助于改善症状。

● 沔阳蒸豆腐圆

烹饪时间：25分钟

难易程度：简单

🧂 材料

豆腐200克，猪肉300克，鸡蛋1个，葱花少许，盐、生粉、胡椒粉、芝麻油各适量

🍲 做法

1.猪肉洗净剁成末；豆腐洗净剁碎，盛入碗内，加入猪肉末、鸡蛋拌匀。

2.加盐拌匀，撒上生粉拌匀，再加入胡椒粉、芝麻油拌匀。

3.将猪肉豆腐末捏成圆子。

4.蒸锅上火烧开，放入捏好的圆子，蒸约20分钟，取出，撒上葱花即可。

【温馨提示】

如果圆子太过黏稠可以多加一点生粉进行搅拌。

【营养分析】

豆腐的两大营养优势：一是提供丰富的植物蛋白，二是提供大量的钙。用大豆蛋白替代部分动物性食物，对预防慢性疾病有利。

● 板栗蒸鸡

材料

鸡肉块130克，板栗肉80克，葱段8克，姜片4克，葱花3克，盐2克，白糖3克，老抽2毫升，生抽6毫升，料酒8毫升

做法

1.将洗净的板栗肉对半切开。

2.把鸡肉块装入碗中，倒入料酒、生抽、姜片、葱段、盐、老抽拌匀，再撒上白糖，拌至糖分溶化，腌渍一会儿。

3.加入板栗，搅拌一会儿，使食材混合均匀，转到蒸盘中，摆好形状。

4.备好电蒸锅，烧开水后放入蒸盘，盖上盖，蒸约30分钟，至食材熟透，揭盖，取出蒸盘，趁热撒上葱花即可。

【温馨提示】

腌渍鸡肉的时间稍微长一些，可以使鸡肉更加入味，味道会更好。

【营养分析】

鸡肉本身是低脂高蛋白的优质动物性食物，其中脂肪最少的部位是鸡胸肉，大腿肉次之，鸡翅脂肪含量则相对比较高。整体而言，去皮鸡肉是一种低脂肪高蛋白的食物，是纤体瘦身的优选。

● 清蒸西瓜鸡

烹饪时间：20分钟

难易程度：稍难

🧂 材料

西瓜500克，鸡肉块350克，水发香菇70克，火腿70克，葱段7克，姜片5克，香菜叶、葱花各少许，盐、鸡粉、胡椒粉各3克，料酒3毫升

🍲 做法

1.火腿切成片；备好的水发香菇去蒂，对半切开。

2.西瓜挖出瓜瓤，用小刻刀在西瓜的周边雕刻出花纹，将西瓜瓤挖干净。

3.备好的大碗中，放入鸡肉块、姜片、葱段、盐、鸡粉、料酒、胡椒粉，搅拌均匀，腌渍10分钟。

4.将部分腌渍好的鸡肉块先放入西瓜中，再放入香菇、火腿片，再铺上剩余的鸡肉。

5.电蒸锅中放入西瓜，盖上盖，蒸15分钟，取出，撒上香菜叶、葱花即可。

【温馨提示】

　　用小刻刀刻西瓜会比较容易，在安全的情况下刻出来的花纹也会更好看些。

【营养分析】

　　西瓜本身水分含量高，汁多味美，是时令性强的水果之一。西瓜含有瓜氨酸、番茄红素、钾、胡萝卜素、镁等人体所需的多种营养成分。

● 姜汁蒸鸡

烹饪时间：35分钟

难易程度：一般

📛 材料

鸡块300克，豌豆苗60克，高汤150毫升，姜汁15毫升，葱花2克，盐、鸡粉各2克，生抽、料酒各8毫升，水淀粉15毫升，芝麻油适量

🍲 做法

1.把鸡块装入碗中，加入料酒、姜汁、盐，拌匀，腌渍一会儿，待用。

2.锅中注水烧开，放入洗净的豌豆苗，焯至断生后捞出，沥干水分，待用。

3.将腌好的鸡块装入蒸碗中，摆好造型，备好电蒸锅，烧开水后放入蒸碗，蒸至食材熟透。

4.取出蒸碗，稍微冷却后倒扣在盘中，再围上焯熟的豌豆苗，锅置火上烧热，注入高汤，大火煮沸。

5.加入鸡粉、生抽，搅匀，再用水淀粉勾芡，滴上芝麻油，调成味汁，浇在蒸好的菜肴上，撒上葱花即可。

【温馨提示】

豌豆苗焯水的时间不宜太长，以免营养流失，降低营养价值。

【营养分析】

豌豆苗营养丰富，其中蛋白质、维生素B_1、维生素B_2、维生素C、钾元素、膳食纤维等营养物质含量颇丰，是绿色健康的食物，常食对心脑血管、肠道健康有利。

● 冬瓜蒸鸡

难易程度：简单

材料

鸡肉块300克，冬瓜200克，姜片、葱花各少许，盐、鸡粉各2克，生粉、生抽、料酒各适量

做法

1.将洗净的冬瓜去皮，切厚片，再切成小块。

2.把洗好的鸡肉块装入碗中，放入姜片、盐、鸡粉、生抽、料酒、生粉抓匀。

3.将冬瓜装入盘中，再铺上鸡肉块，放入烧开的蒸锅中。

4.盖上锅盖，用中火蒸15分钟，至食材熟透，将蒸好的冬瓜鸡块取出，再撒上少许葱花即成。

【温馨提示】

鸡肉在蒸制之前先用调料腌制一会儿，可以使味道更好。

【营养分析】

冬瓜本身水分含量高，热量低，是高钾低钠的食物，特别适合预防高血压及高血压患者食用。

● 草菇蒸鸡肉

材料

鸡肉块300克，草菇120克，姜片少许，葱花少许，盐、鸡粉各3克，生粉8克，生抽4毫升，料酒5毫升，食用油适量

做法

1.将洗净的草菇切成片；锅中注水烧开，放入草菇，加1克鸡粉、1克盐，煮断生后捞出，装入碗中。

2.碗中倒入鸡肉块，加入2克鸡粉、2克盐、料酒、姜片、生粉、食用油、生抽，拌匀腌渍。

3.取一个干净的蒸盘，倒入食材，摆好，蒸锅上火烧开，放入装有食材的蒸盘。

4.用中火蒸至全部食材熟透，取出蒸熟的鸡肉和草菇，趁热撒上葱花，再浇上少许热油即可。

【温馨提示】

　　草菇焯煮断生的时间不宜太长，否则时间久了容易流失原本的营养成分。

【营养分析】

　　草菇是一种较好的减肥美容食物。它含有大量的膳食纤维，能够增加饱腹感、促进排便、改善肠道健康，具有纤体美肤的功效。

● 豉汁粉蒸鸡爪

烹饪时间：35分钟

难易程度：一般

材料

鸡爪200克，去皮南瓜130克，花生50克，蒸肉米粉50克，豆豉8克，姜丝5克，葱花4克，白糖5克，盐3克，料酒5毫升，老抽2毫升，生抽10毫升

做法

1.南瓜切约0.5厘米的厚片，铺在盘子底部。

2.洗净的鸡爪切去趾甲，再对半切开。

3.将切好的鸡爪装碗，倒入花生，放入老抽、生抽、姜丝，加入盐、料酒、白糖、豆豉。

4.将鸡爪拌匀，腌渍入味，倒入蒸肉米粉，再次将鸡爪拌匀，倒在南瓜片上。

5.取出已烧开上汽的电蒸锅，放入食材，蒸30分钟，取出蒸好的鸡爪和南瓜，撒上葱花即可。

【温馨提示】

可以将南瓜片切得稍微厚一点，否则会很容易蒸烂，影响口感。

【营养分析】

鸡爪能软化和保护血管，有降低人体中血脂和胆固醇的作用。

● 虾酱蒸鸡翅

🕐 烹饪时间：15分钟
🍴 难易程度：简单

🧂 材料

鸡翅120克，姜末、葱花、盐、老抽各少许，生抽3毫升，虾酱、生粉各适量

🍲 做法

1.在洗净的鸡翅上打上花刀，放入碗中。

2.向装有鸡翅的碗中淋入生抽、老抽，再撒上姜末，倒入虾酱，加入盐、生粉，腌渍入味。

3.取一个干净的盘子，摆放上腌渍好的鸡翅，蒸锅上火烧开，放入装有鸡翅的盘子。

4.盖上锅盖，用中火蒸约10分钟至食材熟透，揭开盖子，取出蒸好的鸡翅，撒上葱花即成。

【温馨提示】

鸡翅打上花刀，不仅容易蒸熟，还容易入味。

【营养分析】

鸡翅的消化率高，很容易被人体吸收利用，有增强体力、强壮身体的作用。

● 枸杞百合蒸鸡

材料
鸡肉400克，干百合、大枣各20克，枸杞15克，姜片、葱花各少许，盐3克，鸡粉2克，生粉8克，料酒6毫升，生抽8毫升，食用油适量

做法
1.洗净的大枣去核，切碎；洗净的鸡肉斩小块，装碗，撒上枣肉，放入百合、枸杞、姜片。

2.加入盐、鸡粉、料酒、生抽、生粉、食用油，腌渍约10分钟。

3.取一干净的盘子，摆放上腌渍好的食材，蒸锅上火烧开，放入装有鸡肉的盘子。

4.用大火蒸至食材熟透，取出蒸好的菜肴，趁热撒上葱花即成。

【温馨提示】

蒸制的时间可根据鸡肉的大小来增加或者减少。

【营养分析】

杞中富含天然色素β－胡萝卜素，在体内可以转化成维生素A，起到保护眼睛、美肤、提高机体免疫力的作用。此外，枸杞的护眼功能还得益于其含有丰富的玉米黄素。玉米黄素在视网膜上大量积累，可以减少紫外线刺激，保护视神经不受损。

● 肉末蒸蛋

烹饪时间：15分钟
难易程度：简单

材料

鸡蛋3个，肉末90克，姜末、葱花各少许，盐2克，生抽、料酒各2毫升，食用油适量

做法

1.用油起锅，爆香姜末，放肉末炒变色，加入生抽、料酒、盐炒匀，盛出。

2.取一个小碗，打入鸡蛋，加入少许盐、温开水，调成蛋液。

3.取蒸碗，倒入蛋液，撇去浮沫。

4.蒸锅上火烧开，放入蒸碗，盖上锅盖，蒸10分钟。

5.蒸好后取出，撒上肉末，点缀上葱花即可。

【温馨提示】

　　蒸鸡蛋时千万要注意时间，不能太长，否则容易把鸡蛋蒸老而影响口感。

【营养分析】

　　鸡蛋的蛋黄中含有叶黄素和玉米黄素，具有很强的抗氧化作用，特别是对于保护眼睛，延缓眼睛的老化，预防视网膜黄斑变性和白内障等眼疾都具有很好的作用。

● 核桃蒸蛋羹

材料

鸡蛋2个，核桃仁3个，红糖15克，黄酒5毫升

做法

1.备好一个玻璃碗，倒入适量温水，放入红糖，搅拌至溶化。

2.备一空碗，打入鸡蛋，打散至起泡，加入黄酒，倒入红糖水，拌匀，待用。

3.蒸锅中注水烧开，揭盖，放入处理好的蛋液，用中火蒸8分钟。

4.取出蒸好的蛋羹，再将核桃仁打碎，撒在蒸熟的蛋羹上即可。

【温馨提示】

鸡蛋内加入黄酒和红糖水可以中和鸡蛋自身的味道，闻起来会更香。

【营养分析】

核桃富含丰富的蛋白质、不饱和脂肪酸、膳食纤维、维生素E、钾、锰、钙、硒、锌等营养物质。长期食用，具有美肤、延缓大脑衰老的作用。

● 蒸三色蛋

🕐 烹饪时间：10分钟

🍴 难易程度：一般

🧂 材料

鸡蛋3个，去壳皮蛋1个，盐3克

🍲 做法

1.把备好的皮蛋切小块；鸡蛋磕破，将蛋清和蛋黄分别装在碗中。

2.两碗中依次加入盐和100毫升清水，拌匀、搅散，制成蛋清液和蛋黄液，待用。

3.取一蒸盘，放入切好的皮蛋，再倒入调好的蛋清液，备好电蒸锅，烧开水后放入蒸盘再盖上盖子进行蒸煮。

4.蒸至蛋清液成型，取出蒸盘，稍微冷却后注入调好的蛋黄液。

5.放入烧开的电蒸锅中，蒸至食材熟透，取出蒸盘，食用时分切成小块，装在盘中，摆好盘即可。

【温馨提示】

皮蛋最好切得小一些，蒸熟后口感会更松软。也可加入少许鸭蛋碎，味道更美。

【营养分析】

皮蛋富含矿物质，能增进食欲，促进营养的消化吸收，中和胃酸；还有保护血管的作用。

● 虾米花蛤蒸蛋羹

🕐 烹饪时间：30分钟

🍴 难易程度：简单

🧂 材料

虾米、花蛤蜊各适量，鸡蛋2个，葱花、黄酒、盐、葱花各适量

🍲 做法

1.虾米洗净切碎，再将虾米放在黄酒里浸泡10分钟入味去腥。

2.花蛤蜊洗净，用开水烫花蛤蜊使花蛤蜊壳打开。

3.鸡蛋磕入碗中，打散，加入少许盐，再加虾米和花蛤蜊。

4.倒入温水，放入葱花，大火蒸约10分钟即可。

【温馨提示】

温水不宜倒多，否则会稀释鸡蛋的味道。

【营养分析】

鸡蛋的营养主要集中在蛋黄里，蛋黄中的卵磷脂可以健脑益智、增强记忆力；蛋黄中的脂肪以单不饱和脂肪酸为主，对预防心脑血管疾病有益。蛋黄中还含有珍贵的脂溶性维生素A、维生素、维生素D、维生素E、维生素K及绝大多数B族维生素。

● 茯苓蒸排骨

烹饪时间：20分钟

难易程度：简单

材料

排骨段130克，水发糯米150克，茯苓粉20克，姜末、葱花各少许，盐、鸡粉各2克，生抽、料酒各少许，芝麻油适量

做法

1.取一个干净的大碗，倒入洗净的排骨段。

2.放入茯苓粉、姜末，加入盐、生抽、料酒、鸡粉，倒入糯米，淋入芝麻油，拌匀。

3.取一个蒸盘，放上拌好的食材，蒸锅上火烧开，放入蒸盘，用中火蒸15分钟至食材熟透。

4.取出蒸好的排骨，撒上葱花即可。

【温馨提示】

最后撒上葱花时可以再盖上盖，闷一下会更香。

【营养分析】

排骨营养丰富，含有优质蛋白、脂肪、多种维生素及矿物质。其中含有的血红素铁（二价铁）和促进铁吸收的半胱氨酸，能很好的预防和改善缺铁性贫血。

● 豆瓣排骨蒸南瓜

烹饪时间：10分钟

难易程度：简单

📑 材料

排骨段300克，南瓜150克，姜片5克，豆瓣酱15克，鸡粉3克，蚝油8毫升，干淀粉5克，葱段5克，葱花3克，料酒8毫升，生抽10毫升

🍲 做法

1.将洗净的南瓜切片；把洗好的排骨段放碗中，撒上葱段、姜片，放入料酒、生抽。

2.加入鸡粉、蚝油、豆瓣酱，拌匀，再倒入干淀粉，拌匀，腌渍一会儿，待用。

3.取一蒸盘，放入南瓜片，摆好造型，再放入腌渍好的排骨段，码好。

4.备好电蒸锅，烧开水后放入蒸盘，盖上锅盖，蒸约8分钟，至食材熟透。

5.断电后揭盖，取出蒸盘，撒上葱花即可。

【温馨提示】

　　南瓜切的厚度最好均匀一些，摆盘更整齐美观；排骨洗净后再腌制，以免有异味。

【营养分析】

　　南瓜中富含丰富的膳食纤维，具有促进肠道蠕动，促排便的功效；此外膳食纤维还具有增加饱腹感、降低血胆固醇，预防心血管疾病的作用。

111

● 香芋蒸排骨

⏱ 烹饪时间：35分钟

🍴 难易程度：一般

🧂 材料

排骨段300克，芋头270克，高汤250毫升，葱段少许，盐、鸡粉各2克，料酒8毫升

🍲 做法

1.将洗净去皮的芋头切块；锅中注水烧开，倒入排骨段，淋入4毫升料酒，汆去血水，捞出沥干。

2.高汤中加盐、鸡粉、4毫升料酒，调成味汁；取一个蒸碗，分别放入芋头、排骨，摆好。

3.倒入高汤，轻轻搅动，撒上葱段，蒸锅上火烧开，放入蒸碗。

4.盖上锅盖，用中火蒸约30分钟至其熟软，揭开锅盖，取出蒸碗即可。

【温馨提示】

芋头易熟，不要切的太小，否则容易蒸烂。

【营养分析】

芋头口感细软，绵甜香糯。芋头的营养价值高，淀粉含量达70%，既可当主食，又可做蔬菜。芋头还含有蛋白质、钙、磷、钾、镁、烟酸、VC等多种对身体有益的矿物质和维生素。芋头中含有的黏液蛋白，食用后可以提高机体的免疫力。

● 粉蒸鸭肉

🧂 材料

鸭肉350克，蒸肉米粉50克，水发香菇110克，葱花、姜末各少许，盐1克，甜面酱30克，五香粉5克，料酒5毫升

🍲 做法

1.取一个蒸碗，放入鸭肉，加入盐、五香粉。

2.加入料酒、甜面酱，香菇、葱花、姜末拌匀。

3.倒入蒸肉米粉，搅拌片刻，取一个蒸碗，放入鸭肉，蒸锅上火烧开，放入蒸碗。

4.盖上锅盖，大火蒸30分钟至熟透，掀开锅盖，将鸭肉取出，扣在盘中即可。

【温馨提示】

料酒和甜面酱的用量可根据个人口味进行调整。料酒可以很好地遮盖鸭肉的腥味。

【营养分析】

鸭肉富含优质蛋白，是理想动物蛋白的来源。鸭肉的脂肪和畜肉相比，脂肪酸以不饱和脂肪酸为主。常食鸭肉对预防心脑血管疾病有益。

 啤酒蒸鸭

烹饪时间：40分钟

难易程度：一般

材料

鸭肉400克，啤酒150毫升，水发豌豆180克，水发香菇150克，姜末少许，葱段少许，盐2克，老抽5毫升，水淀粉9毫升，胡椒粉2克，食用油适量，鸭汤适量

做法

1.将泡发好的香菇切去蒂，对半切开；鸭肉中加入姜末、葱段、豌豆、香菇，倒入啤酒。

2.加入盐、胡椒粉、老抽、5毫升水淀粉，搅拌片刻，倒入食用油，腌渍15分钟入味。

3.取一个蒸盘，倒入腌好的鸭肉，蒸锅上火烧开，放入鸭肉，大火蒸熟透，取出鸭肉。

4.热锅中倒入鸭汤，注入清水，煮沸，倒入4毫升水淀粉、食用油，调成芡汁，浇在鸭肉上即可。

【温馨提示】

　　鸭肉有少许腥味，在蒸之前可以腌渍久一些，以去除腥味。

【营养分析】

　　整只鸭子脂肪含量最高的地方就集中在鸭皮处，脂肪含量可达到30%-50%。所以鸭皮尽量不吃或是少吃为宜。

◉ 川式粉蒸肉

难易程度：一般

📛 材料

牛肉230克，大米100克，糯米130克，葱段、姜片各7克、八角、花椒粒各5克，豆瓣酱20克，醪糟20克，腐乳汁20克，辣椒粉8克，生抽5毫升，料酒3毫升，盐、鸡粉各2克

🍲 做法

1.将牛肉切厚片，放入碗内，再放入调料拌匀。

2.热锅倒入香料炒匀，放入糯米和大米炒至浅黄色。

3.干磨杯内倒入炒好的食材，再将食材打碎。

4.打好倒入牛肉中，放上辣椒粉拌匀后再铺匀。

6.锅注水烧开后放入食材，蒸15分钟即可。

【温馨提示】

　　糯米和大米搭配不同的比例，将会影响成菜的口感，爱吃这道菜的朋友不妨多做几次，找出最佳口感。

【营养分析】

　　牛肉富含优质蛋白，且含量高于猪肉和羊肉，不仅能促进儿童的生长发育还能维持成年人的健康。

● 荷叶粉蒸肉

烹饪时间：25分钟

难易程度：简单

材料

五花肉300克，大米100克，水发荷叶、辣椒粉、花椒、葱花、盐、生抽、料酒、老抽各适量

做法

1.洗净的五花肉去皮，切成块；荷叶提前洗净。

2.放入盐、料酒、生抽、老抽、辣椒粉腌渍。

3.锅烧热，放入花椒、大米，炒匀后盛入碗中。

4.炒好的花椒和大米搅拌成末，再倒入五花肉中拌匀。

5.将食材倒入荷叶中包裹好，放入烧开的蒸锅。

6.蒸20分钟后取出，撒上葱花即可。

【温馨提示】

加入酱料腌渍得久一点会让五花肉更入味。

【营养分析】

五花肉本身含有的脂肪比例高，而蛋白质相比瘦肉而言要低很多。日常食用畜肉建议以瘦肉为主，五花三层的肉虽然汁多味美，还是要浅尝辄止。

● 使君子蒸猪瘦肉

烹饪时间：10分钟

难易程度：简单

材料

使君子8克，猪肉末140克，料酒5毫升，鸡粉、盐、白胡椒粉各2克，食用油适量

做法

1.将使君子用刀拍扁切开，待用。

2.将使君子倒入装有肉末的碗中，加入盐、料酒、鸡粉、白胡椒粉。

3.注入适量清水、食用油，搅拌匀，备好一个蒸碗，倒入肉末，待用。

4.蒸锅上火烧开，放入肉末。

5.盖上锅盖，大火蒸10分钟，揭开锅盖，取出即可。

【温馨提示】

加入调料拌肉末时，可以多搅拌一会儿，这样可以使蒸出来的肉末口感更加嫩滑。

【营养分析】

猪肉别名豕肉、豚肉等，主要含有蛋白质、脂肪、磷、钙、铁、维生素B_1、维生素B_2、烟酸等营养成分。

● 冬菜蒸牛肉

烹饪时间：20分钟

难易程度：简单

材料
牛肉130克，冬菜30克，洋葱末40克，姜末5克，葱花3克，胡椒粉3克，蚝油5毫升，水淀粉10毫升，芝麻油少许

做法
1.洗净的牛肉切片，装入碗中，放入蚝油、胡椒粉、姜末，倒入备好的冬菜。

2.撒上洋葱末，拌匀，淋上水淀粉、芝麻油，拌匀，腌渍一会儿。

3.转到蒸盘中，摆好造型，备好电蒸锅，烧开水后放入蒸盘。

4.盖上锅盖，蒸约15分钟，至食材熟透，断电后揭盖，再取出蒸盘，趁热撒上适量葱花即可。

【温馨提示】

牛肉切得薄一点，腌渍时能更容易入味。

【营养分析】

　　牛肉中富含人体所需的血红素铁，颜色越深的部位血红素铁的含量越高，补铁效果就越好，牛肉可以很好地预防缺铁性贫血的发生。

● 蒸马蹄肉丸

🧂 材料

西蓝花、马蹄各100克，瘦肉末150克，蛋清30克，蒜末、姜末各5克，葱花3克，盐5克，五香粉2克，干淀粉15克，食用油适量

🍲 做法

1.将洗净去皮的马蹄切碎，取一大碗，倒入马蹄碎，放入瘦肉末，拌匀，加入蛋清，拌匀。

2.加入盐，撒上蒜末、姜末、葱花，拌匀，倒入五香粉，放入干淀粉，拌至肉质起劲。

3.分成数等份，制成肉丸生坯，摆在蒸盘中。

4.备好电蒸锅，烧开水后放入蒸盘，蒸约10分钟，至食材熟透，取出蒸盘，待用。

5.锅中注水烧开，放入食用油，撒上余下的盐，放入西蓝花，焯煮一会儿，捞出，摆在蒸盘中，围好边即可。

【温馨提示】

拌肉末时的力度要均匀，才能使蒸熟后的口感更有韧劲。

【营养分析】

猪肉富含优质蛋白、丰富的维生素、矿物质等对机体有益的多种营养物质。相比牛肉和羊肉，猪肉的整体脂肪含量虽然高，但是饱和脂肪酸含量却比牛羊肉低。

● 沔阳三蒸

烹饪时间：40分钟

难易程度：一般

材料

五花肉250克，草鱼300克，米粉适量，去皮土豆200克，胡萝卜150克，葱花适量，姜片、蒜片各适量，盐适量，料酒、生抽各8毫升

做法

1.五花肉洗净切厚片；草鱼取出鱼腩部分，洗净切条；土豆切滚刀块；备好的胡萝卜切丝。

2.往草鱼肉中放上姜片，撒上盐，淋上料酒，腌渍10分钟，裹上米粉；往五花肉中撒上盐，淋上料酒、生抽，放上姜片、蒜片，腌渍10分钟，裹上米粉。

3.备好一个碗，倒入胡萝卜丝、土豆块、适量的米粉，搅拌均匀。

4.备好一个三层的电蒸锅，最底下一层蒸笼屉放上土豆、胡萝卜丝，中间一层放上草鱼，最上面一层放上五花肉块，加盖，蒸40分钟，取出，撒上葱花即可。

【温馨提示】

草鱼腌渍的时间不能太短，否则很容易残留鱼腥味。

【营养分析】

猪瘦肉特别是里脊肉营养价值远高于五花三层的猪肉。瘦猪肉富含丰富的维生素B_1，远高于其他畜肉类的含量。餐餐以精白米面为主食的人比较容易缺乏这种营养素。建议健康餐盘吃猪肉应首选瘦肉部分。

● 腊肠蒸南瓜

烹饪时间：15分钟

难易程度：简单

🍶 材料

去皮南瓜500克，腊肠200克，剁椒20克，蒜末10克，葱花少许，盐1克，蚝油5克，生抽、陈醋各5毫升，食用油适量

🍲 做法

1. 洗净的南瓜去皮、去内囊，切厚片，装碗待用；腊肠切片，装碗待用。

2. 往腊肠碗中放入剁椒、蒜末，加入盐、生抽、蚝油、陈醋、食用油，拌匀。

3. 将拌好的腊肠及调料倒在南瓜片上，待用。

4. 蒸锅注水烧开，放入装有食材的碗，加盖，用大火蒸10分钟至熟软，取出，撒上葱花即可。

【温馨提示】

一定要把握好蒸制时间，要让腊肠和南瓜的软硬度搭配的刚刚好。

【营养分析】

南瓜含有丰富的淀粉、胡萝卜素、B族维生素、钙、磷等营养成分，具有润肺益气、美容养颜、预防便秘等作用。

● 银鱼粉蒸藕

🕐 烹饪时间：10分钟

🍴 难易程度：简单

🧂 材料

莲藕250克，银鱼30克，瘦肉100克，葱丝少许，姜丝少许，盐2克，料酒、水淀粉各5毫升，生抽、食用油各适量

🍲 做法

1.将洗净去皮的莲藕切片；处理好的瘦肉切丝，加盐、料酒、水淀粉、食用油，腌制片刻。

2.将莲藕整齐摆在蒸盘上，依次放上肉丝、银鱼，待用。

3.蒸锅上火烧开，放入蒸盘，大火蒸10分钟至熟透，将菜肴取出。

4.热锅注油烧热，在菜肴上摆上姜丝、葱丝，浇上热油，将生抽淋在菜肴上即可。

【温馨提示】

莲藕切片后不要用水浸泡，否则容易泡去里面的淀粉，使蒸制后的口感没那么好。

【营养分析】

莲藕散发出一种独特清香的味道，能增进食欲，对于食欲不振者有改善作用。莲藕淀粉含量丰富，食用时要减少部分主食可以起到瘦身的效果。

● 花椒兔

🕐 烹饪时间：16分钟

🍴 难易程度：简单

🧂 材料

仔兔1只，香菜、红椒条各少许，鸡精2克，芝麻油5毫升，花椒油10毫升，海鲜酱8克，酱油6毫升，鱼露10毫升

🍲 做法

1.将仔兔清洗干净。

2.蒸锅上火烧开，放入仔兔蒸熟后，取肉切成条，装盘定型。

3.将鸡精、芝麻油、花椒油、海鲜酱、酱油、鱼露搅拌均匀制成酱汁。

4.将酱汁淋在盘中，放上红椒条、香菜即可。

【温馨提示】

也可以将兔肉蒸熟再切，可以更好地切形，也方便后面酱汁的渗入。

【营养分析】

兔肉的蛋白质含量高，脂肪相比其他畜肉类低。而且脂肪酸是以不饱和脂肪酸为主，其健康价值和禽类很相似，常食对于预防肥胖、心脑血管等慢性疾病有益。

第四章

舌尖上的鲜美滋味

　　海鲜肉质鲜嫩，富含丰富的营养物质。高温烹炒很容易造成海鲜的营养物质流失，"蒸"却能很好地锁住其中的营养成分。本章将带你体验舌尖上鲜美、无腥味、营养价值高的海产类美食。

● 清蒸黄花鱼

🕐 烹饪时间：6分钟

🍴 难易程度：简单

🧂 材料

黄花鱼300克，葱、姜各少许，盐、料酒、食用油、蒸鱼豉油各适量

🍲 做法

1.将鱼破肚后去除内脏，清洗干净。

2.在鱼肚上划三刀。

3.姜切片，葱切段备用。

4.在鱼背上抹盐，倒入料酒，将葱姜塞入鱼肚和刀口。

5.将黄花鱼放入蒸笼蒸6分钟。

6.将黄花鱼盛盘后淋上热油、蒸鱼豉油即可。

【温馨提示】

　　应挑选新鲜的黄花鱼：新鲜的黄花鱼眼球饱满，角膜透明清亮，鳃盖紧密，鳃色鲜红，黏液透明无异味；肉质坚实，用手指按压肉质有弹性；体表鳞片完整有光泽，紧贴鱼体不易脱落。

【营养分析】

　　黄花鱼富含优质蛋白、脂类、钙、锌、硒等矿物质及多种维生素，对大脑及肌肉、骨骼健康都有益。

● 蒜香蒸鱼

材料

蒜头30克，豆腐150克，鲤鱼300克，香菜4克，盐2克，米酒1小匙，芝麻油3毫升，花生油10毫升，酱油2毫升，鱼露1毫升

做法

1.将豆腐切片；鲤鱼切去头部、切除尾部。

2.去除鱼鳍，对半切块；蒜头、香菜切末。

3.鲤鱼块放入盐、米酒和芝麻油腌约10分钟。

4.蒸盘铺上豆腐、鲤鱼块和蒜末，蒸约8分钟。

5.锅内注油烧热，再倒入酱油与鱼露搅拌均匀。

6.将上面的酱汁倒在鲤鱼块上，加香菜、花生油即成。

【温馨提示】

鱼段可用葱姜和料酒多腌渍一会以去除腥味。

【营养分析】

鲤鱼肉中含有的不饱和脂肪酸以及丰富的镁元素，对心脑血管系统有很好的保护作用。

● 清蒸鱼

🕐 烹饪时间：20分钟

🍴 难易程度：一般

🧂 材料

鲈鱼300克，大葱20克，生姜10克，香菜5克，盐3克，料酒4毫升，胡椒粉1克，蒸鱼豉油5毫升，食用油适量

🍲 做法

1.鲈鱼鱼背两面划一字花刀。

2.在鲈鱼的两面撒入调料腌渍10分钟。

3.将去皮的姜块切成薄片，待用；洗净的大葱切成滚刀块，待用。

4.在鱼肚中放入大葱、姜片，盘内平行放上筷子再放上鲈鱼。

5.锅内水烧开，放入鲈鱼蒸8分钟。

6.将切好的大葱切成葱丝，待用。

7.揭盖，取出蒸好的鲈鱼和筷子；在蒸好的鲈鱼上放上葱丝，待用。

8.烧热油，淋在鲈鱼上，再淋入蒸鱼豉油，放入香菜。

【温馨提示】

如果把握不好蒸制的时间，可以用筷子插进鱼尾，能轻松插入说明已经熟透。

【营养分析】

鲈鱼富含丰富的优质蛋白、脂类中的不饱和脂肪酸以大脑喜爱的DHA、EPA为主。除此之外鲈鱼中富含丰富的矿物质元素如钙、锌、硒、铜等。还富含多种维生素，具有很高的营养价值。

⊙ 港式豉汁蒸鱼

🕐 烹饪时间：8分钟

🍴 难易程度：一般

🧂 材料

鱼头450克，豆豉30克，葱20克，姜块、蒜头各30克，朝天椒10克，食用油10毫升，盐、芝麻油、胡椒粉各适量

🍲 做法

1.洗净处理好的鱼头，划一字花刀，两面撒上盐、芝麻油、胡椒粉腌渍。

2.洗净的朝天椒去头，切圈，装碗；蒜头去皮，剁成碎，装碗；洗净的葱切成葱花；姜块洗净，去皮切末。

3.热锅注油烧热，放入姜末、蒜末，翻炒均匀，放入豆豉，爆炒出香味，放入腌好的鱼头中。

4.将鱼头放入蒸锅中，盖盖，大火蒸8分钟，取出，撒上朝天椒和葱花。

5.另加热一大勺滚油，淋在葱花上即可。

【温馨提示】

可根据个人口味在在热油里加适量干辣椒。

【营养分析】

　　鱼头肉质细嫩，除了含蛋白质、钙、磷、铁、维生素B_1之外，它还含有卵磷脂，可增强记忆、思维和分析能力；鱼头还含有丰富的不饱和脂肪酸，它对人脑发育也有很大帮助。

● 泰式青柠蒸鲈鱼

烹饪时间：8分钟

难易程度：一般

📑 材料

鲈鱼200克，青柠檬80克，蒜头、青椒各7克，朝天椒8克，香菜少许，盐2克，鱼露10毫升，香草浓浆26毫升，食用油适量

🍲 做法

1.将备好的青柠檬对半切开，再切小瓣，挤出青柠汁；处理好的鲈鱼两面划上数道一字花刀，抹上盐，腌渍10分钟。

2.洗净的朝天椒去蒂，切成圈；洗净的青椒去蒂，切成圈；洗净去皮的蒜头切成碎末。

3.将装有鲈鱼的盘子放入烧开水的电蒸锅中，隔水蒸8分钟左右。

4.取一个碗，放入切好的青椒、朝天椒、蒜末、青柠汁、香草浓浆、鱼露，再加入香菜，搅拌均匀，制成调味汁，淋在鱼上。

5.热锅注油烧热，将热油浇在鱼身上，摆上柠檬片即可。

【温馨提示】

青柠最好选用泰国产的，涩味会淡一些。

【营养分析】

制作鲈鱼及其他海产品的时候加入维生素C含量高的柠檬汁，不仅可以去腥，而且还可以促进体内合成更多的胶原蛋白，经常食用，不仅味美健康，还能美肤。

● 椰子油蒸鱼

🕐 烹饪时间：10分钟

🍴 难易程度：简单

🧂 材料

黄脚立鱼200克，生粉5克，简易橙醋酱油20毫升，葱段适量，椰子油、料酒各3毫升

🍲 做法

1.取一部分葱段拦腰切成段。

2.另外一部分葱段对折，切成细丝。

3.往处理好的黄脚立鱼两面淋上料酒，加入生粉，抹匀，腌渍10分钟。

4.将腌渍好的鱼放入蒸盘中。

5.撒上葱段，浇上椰子油，待用。

6.电蒸锅注水烧开，放入鱼。

7.加盖，蒸10分钟。

8.揭盖，将蒸好的鱼取出，撒上葱丝，浇上简易橙醋酱油即可。

【温馨提示】

椰子油在23℃以下是固态，冬天使用椰子油的话，可以先加热至液态再使用。

【营养分析】

黄脚立鱼的营养价值很高，高蛋白低脂肪，且脂肪以不饱和脂肪酸为主。含有丰富的钙、磷、铁、锌和B族维生素、脂溶性维生素等营养物质，有益于身体健康。

● 姜葱蒸鳜鱼

材料

鳜鱼1条，姜60克，葱20克，鸡汤60毫升，盐3克，白糖5克，食用油适量

做法

1.鳜鱼收拾干净；姜去皮洗净，切姜末；葱洗净，切葱花。

2.蒸锅注水烧开，放入鳜鱼，蒸至熟，取出。

3.锅入油烧热，爆香姜末、葱花，调入鸡汤、盐、白糖，煮开后将其淋在鱼身上即可。

【温馨提示】

最后的汤汁是决定这道菜的味道的关键，可以根据个人喜好调整口味。

【营养分析】

鳜鱼肉味甘、性平、无毒，具有补气血、益脾胃的滋补功效。

● 腊肠蒸鱼

🕐 烹饪时间：15分钟

🍴 难易程度：一般

🧂 材料

福寿鱼410克，腊肠70克，小土豆275克，葱、姜各30克，朝天椒10克，料酒3毫升，盐、胡椒粉各3克，食用油适量

🍲 做法

1.将洗净的鱼头与鱼身切断分开，鱼身切块；切好的鱼块与鱼头，放入碗中，注入料酒、盐、胡椒粉，腌渍15分钟。

2.其他食材洗净；小土豆削皮切片，放入水中浸泡；朝天椒去头切圈、葱切段、姜切丝。

3腌好的鱼摆入盛有葱段和姜丝的盘中；鱼肉上放入浸泡好的土豆片；腊肠切片，放在土豆片上。

4食材放入电蒸锅中蒸10分钟，取出，撒上红椒圈；热锅烧油，油烧热后，浇至食材上即可。

【温馨提示】

用热油浇在食材上，可以爆香食材本身的香味。

【营养分析】

福寿鱼中的视黄醇含量比较丰富，具有预防夜盲症、视力减退，提高机体的免疫力、强壮骨骼、美肤等作用。

● 豆豉蒸鳕鱼

烹饪时间：6分钟
难易程度：简单

材料

鳕鱼1块，豆豉10克，姜1小段，小葱1根，料酒少量，盐少许

做法

1.鳕鱼块洗净，拭干水，抹上盐，装入盘内。

2.姜、葱洗净，皆切细丝。

3.将豆豉均匀撒在鳕鱼块上，再撒上葱丝、姜丝，淋上料酒。

4.锅中加入清水煮开，放入鱼盘，隔水大火蒸6分钟即可。

【温馨提示】
鳕鱼先抹盐腌渍一会儿，可去除腥味。

【营养分析】
鳕鱼肉含有幼儿发育所必需的各种氨基酸，且极易消化吸收。

● 开屏武昌鱼

⏱ 烹饪方法：8分钟

🍴 难易程度：一般

🧂 材料

武昌鱼1条，红椒1个，葱20克，盐3克，生抽5毫升，食用油适量

🍲 做法

1.武昌鱼洗净，去内脏、鳞；葱洗净切丝；红椒洗净切丝。

2.将武昌鱼切成连刀片，撒上适量盐腌制10分钟至入味。

3.蒸锅上火烧开，放入食材，蒸8分钟。

4.蒸好后取出，撒上葱丝、椒丝，浇上热油，再淋少许生抽即可。

【温馨提示】

武昌鱼的腌制的时间可以适当延长。

【营养分析】

武昌鱼作为河鲜的一种，味道鲜美，含有丰富的优质蛋白，脂肪含量低，含有人体需要的多种维生素及矿物质。可以预防贫血、低血糖。

● 雪菜蒸鳕鱼

🕐 烹饪方法：15分钟

🍴 难易程度：简单

🧂 材料

鳕鱼500克，雪菜100克，葱丝、姜丝各10克，红椒圈、葱花各少许，盐3克，黄酒10毫升

🍲 做法

1.鳕鱼洗净，切成大块。

2.雪菜洗净切末，待用。

3.将切好的鳕鱼放入备好的盘中，加入雪菜、盐、黄酒、葱丝、姜丝，拌匀，腌渍入味。

4.蒸锅上火烧开，放入腌好的鳕鱼块，蒸10分钟至熟。

5.取出，撒上红椒圈和葱花即可。

【温馨提示】

鳕鱼切块时不能切的太大，太大不利于腌渍入味。

【营养分析】

鳕鱼肉富含不饱和脂肪酸，能降低胆固醇，预防心血管疾病。

● 双椒蒸带鱼

难易程度：简单

材料

带鱼250克，泡椒、剁椒各40克，盐2克，料酒8毫升，葱丝10克，姜丝5克，食用油适量

做法

1. 盐、料酒、姜丝放入带鱼内，拌匀腌渍5分钟。
2. 将备好的泡椒切去蒂，切碎；将泡椒、剁椒分别倒在带鱼两边。
3. 电蒸锅烧开上汽，放入带鱼，盖上锅盖，调转旋钮定时10分钟。
4. 掀开锅盖，将带鱼取出，放入葱丝。
5. 热锅注油，烧至八成热时，将油浇在带鱼上即可。

【温馨提示】

蒸带鱼的时候，取一个盘子盖在带鱼上，可避免蒸好后盘里水太多。

【营养分析】

带鱼富含维生素A、不饱和脂肪酸等营养成分。

148

● 香菇蒸鳕鱼

材料

鳕鱼肉200克，香菇40克，泡小米椒15克，姜丝、葱花各少许，料酒4毫升，盐适量，蒸鱼豉油适量

做法

1.泡小米椒切碎；洗好的香菇切成条。

2.洗净的鳕鱼肉装入碗中，放入料酒、盐，搅拌均匀。

3.将鳕鱼装入盘中，加入香菇、小米椒碎、姜丝，放入烧开的蒸锅中。

4.用中火蒸8分钟，至食材熟透，将蒸好的鳕鱼取出，浇上蒸鱼豉油，撒上葱花即可。

【温馨提示】

可根据个人口味来决定是否多放些香菇。

【营养分析】

鳕鱼中富含丰富的必需脂肪酸DHA、EPA，可以促进婴幼儿脑发育，有益于大脑健康。而且鳕鱼本身肉质细嫩，无绒刺，特别适合作为婴幼儿辅食添加海产品的食物选择。

● 芙蓉黑鱼片

🕑 烹饪方法：18分钟
🍴 难易程度：简单

🧂 材料

黑鱼1条，鸡蛋清2个，清汤350毫升，盐4克，生粉10克，豉油汁适量

🍲 做法

1.将黑鱼收拾干净，取肉切成片。

2.生粉加适量清水调匀制成浆；将生鱼片挂浆，备用。

3.鸡蛋清加入盐，再加入适量清汤搅拌均匀，上笼蒸熟。

4.放上切好的鱼片，淋上豉油汁，再蒸3分钟即成。

【温馨提示】

　　给生鱼片挂浆的糯糊不能太稀，黏稠一点更容易挂浆。

【营养分析】

　　黑鱼相比其他河鲜而言，蛋白质和脂肪含量都比较高，肉厚肥美，特别是靠近黑鱼皮的部位，脂肪含量更高。对于正在减肥阶段的朋友而言建议可以去皮后再食用。

● 蒜香蒸生蚝

🧂 材料

生蚝4个，柠檬15克，蒜末20克，葱花5克，蚝油5毫升，食用油20毫升，盐3克

🍲 做法

1.取一碗，倒入生蚝肉，加入盐，挤入柠檬汁，拌匀，腌渍10分钟待用。

2.用油起锅，倒入蒜末，爆香，放入葱花，加入蚝油，翻炒约1分钟至入味，盛出装碗。

3.将腌好的生蚝肉放入壳中，淋上炒好的料汁。

4.取电蒸锅，注入适量清水烧开，放入生蚝，盖上锅盖，时间调至"8"分钟，待时间到后取出即可。

【温馨提示】

蒜末要单独炒制，这样才能使生蚝更入味。

【营养分析】

生蚝是典型的高蛋白低脂肪的食物，含有多种维生素和矿物质，其中锌元素含量尤为突出，每100克生蚝含锌量可达71.2毫克。是膳食中获取锌元素的重要食物来源之一。

● 蒜蓉粉丝蒸生蚝

🕐 烹饪时间：10分钟
🍴 难易程度：简单

🧂 材料

生蚝4个，粉丝50克，朝天椒30克，大蒜100克，盐2克，胡椒粉1克，生抽10毫升，蚝油10克，食用油适量

🍲 做法

1.将粉丝泡发好，剪成段。

2.朝天椒切圈再切碎，大蒜剁成蒜蓉。

3.把生蚝外壳刷洗干净。

4.用开蚝刀打开生蚝。

5.每个生蚝放上适量粉丝。

6.装入盘中，放入烧开的蒸锅里，加盖大火蒸10分钟。

7.热锅注油，倒入一半蒜蓉，中火炸成金黄色。

8.加入另一半蒜蓉，炒匀。

9.倒入朝天椒，炒香。

10.盛出，放入盐、胡椒粉、生抽、蚝油，拌匀，制成蒜蓉酱料。

11.把蒸好的生蚝取出，分别浇上蒜蓉酱料即可。

【温馨提示】

生蚝易熟，不宜蒸太长时间，以免影响口感。

【营养分析】

微量元素在适宜量下才对人体健康有益，经常过量食用会损害健康。因此生蚝不要吃太多，也不建议天天吃。

● 白酒蒸蛤蜊

🕐 烹饪时间：10分钟

🍴 难易程度：简单

🧂 材料

蛤蜊260克，葱花5克，小辣椒圈5克，蒜片、姜片各5克，食用油15毫升，盐3克，白酒10毫升

♨️ 做法

1.用油起锅，倒入蒜片、姜片、小辣椒圈，大火爆香。

2.倒入蛤蜊，翻炒约2分钟至入味，盛出炒好的蛤蜊，装入蒸盘中。

3.倒入白酒，加入盐，搅拌均匀，电蒸锅加适量清水烧开，放入蒸盘。

4.盖上锅盖，将时间调至"5"分钟，揭盖，取出蒸好的蛤蜊，撒上葱花即可。

【温馨提示】

　　喜欢白酒味道的可以多倒一些，白酒能很好地遮盖蛤蜊的海腥味。

【营养分析】

　　蛤蜊肉质细嫩、味道鲜美且营养价值高。蛤蜊属于高蛋白低脂肪的食物（脂肪酸以不饱和脂肪酸为主），还富含糖类、多种维生素和矿物质元素，营养丰富且利于人体吸收。

● 鲜香蒸扇贝

🕐 烹饪时间：10分钟
🍴 难易程度：简单

🧂 材料

扇贝6个，洋葱丁20克，红椒丁、蒜末各10克，葱花5克，蒸鱼豉油8毫升，食用油适量

🍲 做法

1.用油起锅，倒入洋葱丁，放入蒜末和红椒丁。

2.将食材爆香约1分钟，将爆香好的食材逐一放在洗净的扇贝上。

3.取出已烧开上汽的电蒸锅，放入扇贝，加盖，调好时间旋钮，蒸8分钟至熟。

4.揭盖，取出蒸好的扇贝，逐一淋入蒸鱼豉油，最后撒上葱花即可。

【温馨提示】

可用刀在扇贝肉上划十字花刀，这样更易入味。

【营养分析】

扇贝中含一种具有降低血清胆固醇作用的代尔太7-胆固醇和24-亚甲基胆固醇，它们兼有抑制胆固醇在肝脏合成和加速排泄胆固醇的独特作用，从而使体内胆固醇下降。对于由于胆固醇过高而引起的心脑血管方面的疾病有预防作用。

● 奶油扇贝

🧂 材料

扇贝4个，柠檬、西红柿各1个，盐、奶油各少许

🍲 做法

1.西红柿洗净去蒂，切成小块，待用。

2.柠檬洗净，将其一半切片，另一半挤出汁水，待用。

3.扇贝洗净，用刀撬开，去掉脏污，用刀取肉。

4.往扇贝肉中撒上适量的盐，搅拌均匀，腌渍片刻，再洗净，去除泡沫，待用。

5.将洗净的扇贝壳摆放在备好的盘中，往每一个扇贝里放上扇贝肉，淋上适量奶油，再放上切好的西红柿块，摆好。

6.电蒸锅注水烧开，放上扇贝，加盖，蒸5分钟，取出，洒上柠檬汁，放上柠檬片即可。

【温馨提示】

扇贝肉一定要清洗干净，避免食用时发现沙子。

【营养分析】

　　西红柿富含丰富的番茄红素，且西红柿皮中的番茄红素含量高于果肉。番茄红素对前列腺癌、消化道癌、乳腺癌等多种癌症具有预防作用，而且番茄红素还具有很好的抗氧化、美肤的功效。

● 蒜蓉粉丝蒸扇贝

烹饪时间：5分钟
难易程度：简单

材料
扇贝6个，小葱10克，大蒜30克，生姜20克，粉丝60克，红椒15克，蒸鱼豉油10毫升，盐3克，食用油适量

做法
1.粉丝浸泡3分钟；小葱洗净切花；去皮的生姜切末；红椒洗净切末；大蒜洗净切碎。

2.将粉丝切段；扇贝洗净，用刀撬开，去掉脏污，取肉，撒上适量的盐，腌渍片刻，洗净。

3.将洗净的扇贝壳摆放在盘中，往每一个扇贝里面放上粉丝、扇贝肉；热锅注油，爆香姜末、蒜末，倒入红椒末，炒匀，制成酱料，倒在每一个扇贝上。

4.电蒸锅注水烧开，放上扇贝粉丝，加盖，蒸5分钟，取出，淋上适量的蒸鱼豉油，最后撒上适量葱花即可。

【温馨提示】
买来的扇贝可以将其放入滴有芝麻油的清水中浸泡，可以让其吐尽泥沙。

【营养分析】
粉丝是很多人都喜欢吃的一种食品，常见的有绿豆粉、红薯粉或土豆粉等。粉丝含水量在15%左右，干物质的主要成分是淀粉，约占84%。如此高含量的淀粉，吃的时候一定要减少主食。

● 墨鱼仔蒸丝瓜

🕐 烹饪方法：12分钟

🍴 难易程度：简单

🧂 材料

墨鱼仔300克，丝瓜200克，青椒、红椒各10克，XO酱15克，芝麻油适量

🍲 做法

1.将墨鱼仔收拾干净；洗净的丝瓜去皮，切成小段；青椒、红椒洗净去蒂、去籽，切成丝。

2.丝瓜摆入盘中，放上墨鱼仔，倒入XO酱，撒上青椒丝、红椒丝。

3.蒸锅上火烧开，放入食材，用大火蒸10分钟。

4.蒸好后取出，淋上芝麻油即可。

【温馨提示】

如果不喜欢墨鱼仔的腥味过重的话，可以多放些XO酱以遮盖腥味。

【营养分析】

墨鱼营养价值丰富，低脂高蛋白、富含多种维生素及矿物质如钙、硒、碘等，是非常健康的一类动物性食物。需要注意的是痛风病患者慎食。

● 辣蒸墨鱼仔

烹饪时间：45分钟

难易程度：一般

材料

墨鱼仔15个，蟹柳3条，云耳50克，酸豆角粒20克，魔芋结5个，指天椒粒少许，胡椒粉10克，盐5克，辣椒油25毫升，白醋10毫升

做法

1.蟹柳切片；云耳水发30分钟。

2.蒸锅注水烧开，放入备好的墨鱼仔、蟹柳、云耳、魔芋结、酸豆角粒、指天椒粒，蒸熟后捞出。

3.锅中注入辣椒油烧热。

4.将蒸出的汁水、盐、胡椒粉、辣椒油、白醋放入锅中稍煮，再倒入蒸好的食材中即可。

【温馨提示】

在墨鱼上划几刀，这样更易熟透和入味。

【营养分析】

墨鱼仔富含丰富的牛磺酸，牛磺酸对婴幼儿大脑发育、神经传导、视觉功能的完善有良好作用，是一种对婴幼儿生长发育至关重要的营养物质。

● 香菇鲜虾盏

⊕ 烹饪方法：10分钟

🍴 难易程度：一般

🧂 材料

鲜香菇100克，青椒20克，基围虾220克，盐4克，白糖、胡椒粉各3克，水淀粉、食用油各适量

🍲 做法

1.洗净的香菇去蒂，待用。

2.基围虾去头，剥壳，片开去虾线，放入盐、胡椒粉、食用油腌渍；洗净的青椒切成圈。

3.热锅注水煮沸，放入盐，搅拌均匀，放入香菇，焯水，煮2分钟后捞起。

4.将虾放入香菇中，再放入电蒸锅蒸6分钟；热锅注水烧开，放入盐、白糖、青椒，搅拌均匀，注入适量水淀粉勾芡，加入适量食用油搅拌均匀，浇到蒸好的食材上即可。

【温馨提示】

将清洗干净的虾进行第一次腌渍，这样能让后面的腌渍更加入味。

【营养分析】

虾富含人体所需的优质蛋白，相比畜肉而言，脂肪含量少，其中的脂肪酸以不饱和脂肪酸为主，有益于心脑血管健康。虾本身营养价值高热量低，特别适合成长发育的儿童、孕妇、乳母、老年人、肥胖等人群食用。

● 鲜虾豆腐蒸蛋羹

烹饪时间：15分钟

难易程度：简单

材料

豆腐260克，虾仁80克，葱花3克，盐3克，料酒5毫升，芝麻油、鸡蛋、生抽各适量

做法

1.将洗净的豆腐切成小方块。

2.把洗好的虾仁装在碗中，淋上料酒，加入1克盐，倒入芝麻油，拌匀，腌渍一会儿。

3.将鸡蛋打入小碗中，注入清水，撒上2克盐，搅散，制成蛋液，待用。

4.取一蒸盘，放入豆腐块，倒入调好的蛋液，放入腌好的虾仁，摆好造型。

5.备好电蒸锅，烧开水后放入蒸盘，蒸至食材熟透，取出，趁热淋入生抽，撒上葱花即可。

【温馨提示】

豆腐可用牙签扎几下，可以使后期蒸制时让豆腐更能入味。

【营养分析】

豆腐含有丰富的植物雌性激素，对预防骨质疏松症、乳腺癌、前列腺癌都有益处。

● 芙蓉蟹斗

🕐 烹饪方法：5分钟

🍴 难易程度：一般

🧂 材料

螃蟹2只，鸡蛋3个，火腿末10克，熟青豆少许，姜末8克，料酒10毫升，醋、酱油各5毫升，盐4克，白糖6克，食用油适量

🍲 做法

1.螃蟹洗净，放入沸水中煮熟后取蟹黄和蟹肉。

2.鸡蛋取蛋清，放入热油锅中煎熟，放蟹斗中。

3.锅中注油烧热，放入姜末、蟹肉、蟹黄、青豆、火腿末、料酒、酱油、盐、白糖、醋炒匀。

4.炒好后装入蟹斗中，再转入蒸锅内进行蒸煮，蒸3分钟即可。

【温馨提示】

蛋清的味道淡，不容易遮住蟹肉的香味。

【营养分析】

蟹黄可谓是螃蟹营养最精华的部分，味道鲜美，优质蛋白、脂类、维生素A、维生素B_2、钙、镁、硒、碘、锌含量均很高的。但是蟹黄的胆固醇含量也非常高，对于血脂异常的人群要慎食。

● 清蒸螃蟹

🕐 烹饪时间：15分钟

🍴 难易程度：简单

🧂材料

螃蟹3只，洋葱丝少许，蒜末、姜末各5克，白醋适量

🍲做法

1.电蒸锅注水烧热，放入处理好的螃蟹，盖上盖，蒸10分钟。

2.碗中放入蒜末、姜末、白醋，拌匀，制成酱汁待用。

3.揭开电蒸锅锅盖，取出螃蟹，撒上洋葱丝。

4.将调好的汁摆在螃蟹边上，蘸食即可。

【温馨提示】

在蒸螃蟹的过程中，可加入适量姜片，以中合蟹本身的寒性。

【营养分析】

螃蟹味美且营养丰富，其含有丰富的蛋白质、脂类、糖类、多种维生素、矿物质元素，是营养价值非常高的一类海产品。需要注意的是海鲜过敏的人群慎食。

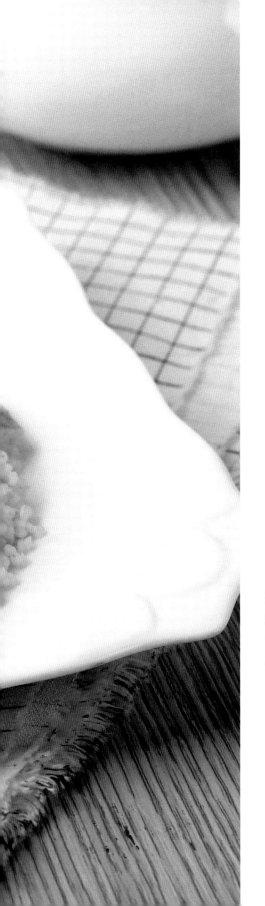

第五章

百变主食一锅蒸

　　主食营养丰富，是每日膳食中不可缺少的重要部分。想要让其种类多样化又保持美味，用蒸煮的方法就能很好地达到目的。蒸煮既保留其主食原有的美味，还有益于机体消化吸收。低油低脂的蒸煮方法让越来越多的人喜爱。

● 杯杯土豆蒸饭

烹饪时间：30分钟

难易程度：简单

材料

土豆80克，水发大米30克，葱花2克

工具：350毫升马克杯1个，电蒸锅1个，保鲜膜适量

做法

1.将洗净去皮的土豆，切成丁。

2.杯子中放入泡发好的大米，再加入土豆丁。

3.注入适量的清水，盖上保鲜膜，待用。

4.电蒸锅注水烧开，放入食材。

5.盖上盖，蒸30分钟。

6.揭盖，将食材取出。

7.揭开保鲜膜，撒上葱花即可。

【温馨提示】

将切好的土豆放在凉水中浸泡片刻可去除部分淀粉，蒸出来的口感会更好。

【营养分析】

土豆本身营养丰富，富含丰富的膳食纤维，不仅能增加饱腹感，还具有促进肠道蠕动，助排便，从而起到保护肠道健康的作用。

● 干木鱼蒸饭

🕐 烹饪时间：10分钟

🍴 难易程度：一般

🧂 材料

冷米饭400克，干木鱼（柴鱼片）10
克，去皮胡萝卜60克，蒜末、姜末
各少许，生抽、椰子油、料酒各3毫
升，胡椒粉2克

🍲 做法

1.将胡萝卜洗净，切成丁。

2.碗中放入米饭、胡萝卜丁，拌匀。

3.加入生抽、料酒、椰子油、姜末、
蒜末、胡椒粉，拌匀。

4.撒上适量的干木鱼，充分拌匀。

5.将米饭盛入备好的碗中。

6.电蒸锅注水烧开，放上米饭。

7.加盖，蒸8分钟。

8.揭盖，取出米饭，往米饭中撒上剩
下的干木鱼即可。

【温馨提示】

　喜爱辛辣味的朋友可以往米饭中加入适量的辣椒酱，可以使口感更佳。

【营养分析】

　胡萝卜是一种质脆味美、营养丰富的家常蔬菜。胡萝卜中富含丰富的胡
萝卜素，能够在人体内转变成维生素A，对美肤、保护视力和提高免疫力都
有帮助。

● 木瓜蔬果蒸饭

🕐 烹饪时间：50分钟

🍴 难易程度：稍难

🏭 材料

木瓜700克，水发大米70克，水发黑米70克，胡萝卜丁30克，葡萄干25克，青豆30克，盐3克，食用油适量

🍲 做法

1.将洗净的木瓜切去一小部分，用刀平行雕刻成一个木瓜盖和盅，挖去内籽及木瓜肉；将木瓜肉切成小块。

2.木瓜盅里倒入备好的黑米、大米、青豆、胡萝卜丁、木瓜、葡萄干，加入食用油、盐，注入适量清水拌匀。

3.蒸锅中注入适量清水烧开，放入木瓜盅。

4.加盖，大火蒸45分钟至食材熟软。

5.揭盖关火，取出木瓜盅，打开木瓜盖即可。

【温馨提示】

　　火候和时间要把控好，要做到不把木瓜外壳蒸烂又要把木瓜里面的食物蒸熟。

【营养分析】

　　木瓜里的木瓜蛋白酶不仅可以帮助消化蛋白质类的食物，而且是天然的嫩肉剂。对于胃肠道消化能力较弱的儿童来说，吃蛋白质含量高的动物性食物就可以在餐盘里搭配上木瓜一起进食，为胃肠的工作减负，帮助消化。

● 胡萝卜蒸米饭

烹饪时间：65分钟
难易程度：简单

材料
水发小米150克，去皮胡萝卜100克，生抽适量

做法
1.将洗净的胡萝卜切片，再切丝。

2.取一空碗，加入洗好的小米，倒入适量清水，待用。

3.蒸锅中注入适量清水烧开，放上小米，加盖，中火蒸40分钟至熟。

4.揭盖，放上胡萝卜丝，续蒸20分钟至熟透。

5.揭盖，关火后取出蒸好的小米饭，加上少许生抽即可。

【温馨提示】
　　胡萝卜丝一定要切得细一些，比较容易蒸烂。

【营养分析】
　　小米的维生素、矿物质含量都比精白大米高，比如铁、钾和维生素B_1含量都是大米的5倍左右，是补充维生素和矿物质的好主食。

● 叉烧蒸饭

🕐 烹饪时间：25分钟

🍴 难易程度：简单

🧂 材料

水发大米150克，叉烧肉150克，葱花、香菜碎各适量，白糖、食用油各适量

🍲 做法

1.将叉烧肉切成片。

2.在碗中放入淘好的大米，加入白糖、食用油和适量水，搅拌均匀备用。

3.蒸锅中注入适量清水烧开，放入装有大米的碗，蒸20分钟。

4.蒸好后取出，放入切好的叉烧肉片续蒸片刻。

5.取出，撒上葱花、香菜碎即可。

【温馨提示】

　　将淘好的大米加入调料拌匀，这样在后面食用时米饭的味道会更好。

【营养分析】

　　大米含有多种氨基酸和有机酸，能够消除疲劳，帮助睡眠。

● 烧鸭蒸饭

🕐 烹饪时间：20分钟

🍴 难易程度：简单

🧂 材料

水发大米150克，烧鸭块200克，大葱段、葱末、香菜碎各适量，盐、白糖、食用油各适量

🍲 做法

1. 将烧鸭块改刀切成小块。

2. 锅中注油烧热，放入大葱段煸炒，滤取葱油。

3. 碗中放入大米、加盐、白糖、油和水。

4. 蒸锅中注入适量清水烧开，放入装有大米的碗，蒸20分钟。

5. 将烧鸭放于米饭上，续蒸片刻，淋上葱油，撒上葱末、香菜碎即可。

【温馨提示】

烧鸭不用蒸很久，一小会儿就可以了。

【营养分析】

烧鸭本身油脂含量高，所以在制作此款蒸饭的时候，要减少食用油的用量。

● 荷叶糯米鸡腿饭

● 烹饪时间：40分钟

🍴 难易程度：一般

🧂材料

鸡腿180克，水发香菇55克，水发糯米185克，干贝碎12克，干荷叶适量，盐、鸡粉各2克，胡椒粉少许，生抽3毫升，料酒4毫升，芝麻油、食用油各适量

🍲做法

1.鸡腿切开剔除骨头，肉切丁；香菇切小块。

2.用油起锅，放入肉丁，炒至其变色，淋入生抽、适量料酒，炒出香味。

3.倒入香菇丁、干贝炒匀，加入少许盐、鸡粉、胡椒粉、芝麻油炒匀。

4.荷叶倒入糯米、炒好的材料，包紧后蒸35分钟即可。

【温馨提示】

　　一定要将荷叶仔细清洗干净后再包糯米。

【营养分析】

　　糯米中含有的几乎都是支链淀粉，而支链淀粉比直链淀粉更容易被消化吸收，升血糖的速度更快，所以糖尿病患者对于糯米制作的食物要慎食。

⬤ 小米蒸红薯

🧂 材料

水发小米80克，去皮红薯250克

🍲 做法

1.将红薯切小块；将切好的红薯块装碗，倒入泡好的小米，搅拌均匀，将拌匀的食材装盘。

2.备好已注水烧开的电蒸锅，放入食材。

3.加盖，调好时间旋钮，蒸30分钟至熟即可。

【温馨提示】

可以根据自己的喜好，把红薯换成紫薯或者其他的薯类。

【营养分析】

小米和精白大米相比，富含丰富的类胡萝卜素，对于美肤、明眸具有一定的作用，是很健康的一类谷物。

◉ 珍珠米圆

烹饪时间：20分钟

难易程度：一般

🧂 材料

鱼肉、猪瘦肉各100克，糯米80克，猪肥肉、马蹄丁各30克，苦瓜50克，盐、料酒、生粉、食用油各适量

🍲 做法

1. 瘦肉剁蓉；肥肉切丁；糯米洗净泡发；鱼肉剁成蓉；洗净的苦瓜切圈。
2. 瘦肉蓉和鱼肉蓉加盐、料酒、生粉、水拌匀。
3. 加入肥肉丁和马蹄丁拌匀，挤成肉丸。
4. 沸水锅中加油和盐，放苦瓜氽至断生，捞出。
5. 肉丸沾上糯米，摆在蒸笼内，蒸15分钟即可。
6. 将苦瓜圈摆入盘中，放入圆子即可。

【温馨提示】

将苦瓜焯水是为了淡化苦瓜自身的苦味。

【营养分析】

苦瓜含有苦瓜皂苷，不仅有着类似胰岛素的作用，还有刺激胰岛素释放的功能。所以糖尿病患者，以及糖耐量受损的人，适合吃一点苦瓜，可以起到延缓血糖上升的作用。

⬤ 烫面蒸饺

🕐 烹饪时间：35分钟

🍴 难易程度：稍难

🧂 材料

面粉300克，肉末50克，白菜60克，葱末、姜末各7克，五香粉、盐、鸡粉各3克，生抽3毫升，食用油适量

🍲 做法

1.洗净的白菜切碎。

2.白菜中放肉末、葱末、姜末、盐、鸡粉、生抽、五香粉、食用油拌匀。

3.面粉中注入开水，和成面团，封上保鲜膜，醒面15分钟。

4.取出醒好的面团，搓成条，再揪成数个小剂子，再将剂子擀成饺子皮。

5.饺子皮中放入适量肉馅，包成饺子，盘子刷油，放入饺子。

6.将饺子放入烧开水的电蒸锅里，蒸15分钟，即可。

【温馨提示】

在盘子上刷一层油再放入饺子，可以使蒸好的饺子不易粘锅，以免影响饺子外观。

【营养分析】

在把大白菜等蔬菜切成碎末时，大量菜汁会溢出来。一般传统的习惯是将菜汁挤掉，以免包不成形。但这种做法会让蔬菜中维生素流失，从而错失最宝贵的营养精华。

● 西葫芦元宝蒸饺

🕐 烹饪时间：15分钟
🍴 难易程度：一般

🧂 材料

西葫芦丁110克，肉末90克，面粉180克，葱花、姜末各少许，生抽8毫升，盐、鸡粉各3克，十三香、食用油各适量

🍲 做法

1.肉末加西葫芦丁、姜末、葱花，放入生抽、盐、鸡粉、食用油、十三香，拌成馅料。

2.将面粉倒在面板上，开窝，加入适量的温水，揉匀成面团，静置片刻。

3.将醒好的面团揉搓成条状，分成小剂子，擀成饺子皮，包入适量馅料，制成饺子生坯。

4.打开电蒸笼，放入饺子生坯，蒸14分钟左右，取出即可。

1

2

3

4

【温馨提示】

饺子容易蒸熟，所以蒸制的时间不宜太长。

【营养分析】

西葫芦本身水分可以达到95%，热量低、高钾低钠，不仅是瘦身的选择，也是预防高血压及高血压患者的绿色健康食物。

● 杂粮蒸饭

烹饪时间：40分钟

难易程度：简单

材料

水发大米250克，玉米粒70克，红薯120克，花生仁30克

做法

1.将洗净去皮的红薯切厚片，再切成丁。

2.将水发过的大米倒入备好的碗中，注入适量的清水。

3.碗中再倒入花生仁、玉米、红薯丁，蒸锅上火烧开，放上食材。

4.盖上锅盖，大火蒸35分钟至熟软，掀开锅盖，将杂粮饭取出即可。

【温馨提示】

红薯不易熟，所以切的时候要切小一点。

【营养分析】

红薯中含有丰富的β-胡萝卜素，在人体内代谢可以合成维生素A，具有保护视力、美肤、提高机体免疫力的作用。

● 玉米包

🕐 烹饪时间：15分钟

🍴 难易程度：一般

🧂 材料

玉米面70克，面粉95克，玉米粒70克，牛奶40毫升，白糖30克，玉米叶20克，泡打粉30克，酵母粉20克，食用油适量

🍲 做法

1.取一个碗，倒入90克面粉，加入玉米面、泡打粉、酵母粉、白糖、牛奶拌匀，加入少许食用油，揉成面团。

2.将面团装入碗中，保鲜膜封住，发酵2小时，取出分成两份擀成面皮。

3.放入适量备好的玉米粒，将面皮卷成卷，用玉米叶包好，制成玉米状，在表面划上网格花刀。

4.往盘中撒上适量面粉，放入玉米包生坯，蒸15分钟至熟即成。

【温馨提示】

用保鲜膜包住能更好地进行发酵。

【营养分析】

玉米中的"营养主角"是玉米胚芽。它是玉米粒中营养价值最高的，富含延缓人体衰老的VE、丰富的不饱和脂肪酸、蛋白质等多种营养物质。啃食玉米的时候千万不要漏掉宝贝。

● 河南蒸面

🕐 烹饪时间：20分钟

🍴 难易程度：一般

🧂 材料

细面条150克，猪肉120克，西红柿90
克，豆角100克，八角2个，盐、鸡粉各
3克，老抽3毫升，生抽5毫升，生姜、
葱、食用油各适量

🍲 做法

1.将西红柿切瓣；豆角切段；猪肉切
片；碗中倒入面条、食用油搅拌片刻。

2.将面条倒入备好的盘中待用。

3.水烧开，放面条，蒸10分钟。

4.锅注油烧热，倒入猪肉炒至转色。

5.倒入八角、葱段、姜片，炒香。

6.加生抽、豆角和清水煮沸焖5分钟。

7.揭盖，将蒸好的面条取出待用。

8.往锅中倒入西红柿、面条拌匀。

9.加入盐、鸡粉、老抽拌匀盛出。

【温馨提示】

往蒸好的面条上淋上适量芝麻油，可以使味道会更好。

【营养分析】

西红柿中富含的番茄红素，与西红柿的颜色和成熟度成正
比。番茄红素具有很好的抗氧化的作用，如果想获得更多的番茄
红素，那么颜色越深红、成熟度越高的西红柿含量就越多。

第六章

蒸出来的幸福点心

点心，有着治愈坏心情的神奇效果。蒸出来的点心，简单又美味，即使在家也能轻轻松松搞定。而且点心是一种拥有外观和味道都出众的食品，拿来招待客人和朋友再好不过了。它能让你感受到生活的幸福，让你甜在心里，体会在唇齿之间。

● 原味蒸蛋糕

🧂 材料

原味蒸蛋糕预拌粉250克，鸡蛋4个，植物油50毫升

🍲 做法

1. 在空盆中依次加入原味蒸蛋糕预拌粉、水40毫升、鸡蛋，用电动搅拌器充分打发。

2. 倒入植物油，搅拌均匀。

3. 在电饭锅内刷少许油。

4. 将面糊倒入电饭锅，调到煮饭模式，蒸25～30分钟。

5. 蛋糕蒸好后即可食用。

【温馨提示】

　　蒸蛋糕之前，先将电饭锅内胆在桌上震几下，要震出面糊里的空气，可使蒸出来的蛋糕口感更加顺滑。

【营养分析】

　　植物油是从植物的果实、种子、胚芽中提取的油脂，如花生油、橄榄油等。虽然和动物油脂相比较，不含胆固醇，但是油脂本身的热量高，是纯能量的食物，所以要控制每天的用油量。

● 蜜汁糯米糕

烹饪时间：85分钟

难易程度：稍难

材料

水发糯米80克，去皮莲藕150克，盐3克，红糖、冰糖、白糖各40克

做法

1.将莲藕切去头部，制成莲藕盖。

2.将泡好的糯米塞入莲藕孔和莲藕盖中，盖上莲藕盖，用牙签固定住。

3.蒸锅上火烧开，放入莲藕、冰糖、红糖、白糖，加入盐。

4.加盖，煮沸，再转小火蒸1小时。

5.揭盖，将蒸好的莲藕取出，浇上糖水，让莲藕在糖水中浸泡20分钟，使其充分入味。

6.将牙签去掉，再将莲藕切成片，将莲藕摆放在盘中，浇上糖水即可。

【温馨提示】

最后浇上糖水可以让莲藕一直保持浸泡时的甜味。

【营养分析】

莲藕中含有的黏液蛋白和膳食纤维，与食物中的胆固醇及甘油三酯相合后，能减少机体对胆固醇和脂肪的吸收。

 提子蒸蛋糕

烹饪时间：35分钟

难易程度：一般

材料

原味蒸蛋糕预拌粉250克，鸡蛋4个，植物油50毫升，提子干100克

做法

1.在空盆中依次加入原味蒸蛋糕预拌粉、水40毫升、鸡蛋，用电动搅拌器充分打发。

2.倒入植物油和提子干，搅拌均匀。

3.在电饭锅内刷少许油。

4.将面糊倒入电饭锅，调到煮饭模式，蒸25～30分钟即可。

【温馨提示】

打发食材原料时，先用电动搅拌器（不通电）先拌匀原料，然后再通电打发。

【营养分析】

提子含有丰富的矿物质及维生素，提子所含的类黄酮可以抗衰老，还含有一种抗癌微量元素，常食对人体有益。

 糯米糍

🕐 烹饪时间：10分钟

🍴 难易程度：一般

🧂 材料

糯米粉500克，澄面80克，黄奶油100克，椰蓉丝、抹茶粉各少许，白糖100克

🍲 做法

1.糯米粉中加入白糖、黄奶油、适量清水、抹茶粉，搅拌均匀，揉搓成纯滑的糯米面团。

2.取一碗，倒入澄面，注入适量沸水，搅拌均匀，制成糊状，加入糯米面团，混合匀，搓成长条，再切成数个小剂子，搓成球状。

3.将生坯放入垫有笼底纸的蒸笼中，大火蒸10分钟至熟，取出。

4.最后滚上椰蓉丝即可。

【温馨提示】

    滚椰蓉丝的时候要趁糯米糍热的时候滚，否则凉了则椰蓉丝不易粘住。

【营养分析】

糯米粉富含B族维生素，具有美容养颜的功效。

● 紫薯冰皮月饼

烹饪时间：30分钟
难易程度：稍难

📖 材料

冰皮：黏米粉、糯米粉各50克，澄粉30克，炼奶30克，糖粉50克，玉米油30毫升，纯牛奶230毫升

紫薯馅：紫薯500克，炼奶少许，生抽8毫升，盐、鸡粉各3克，十三香、食用油各适量

🍲 做法

1.将黏米粉、糯米粉、澄粉、糖粉、牛奶倒入大碗中，搅拌至看不到粉状物，加入玉米油、炼奶，搅打均匀制成冰皮面糊。

2.洗净的紫薯去皮切片；电蒸锅中注水烧开，将冰皮面糊、紫薯分层放入蒸锅，蒸25分钟。

3.将大部分蒸好的紫薯捣成紫薯泥，加生抽、盐、鸡粉、十三香、食用油，炒至顺滑黏稠，淋入少许炼奶混匀，成馅料。

4.将冰皮面糊揉成面团，取适量面团压扁呈中间厚四周薄的面皮，包入适量馅料，搓圆，放入模具中压出形状，再将紫薯泥压出花形，放到月饼上即可。

【温馨提示】

　　制作冰皮面糊时，对于各种材料的克数要求都很高，所以这一步要仔细看清楚分量。

【营养分析】

　　尽管紫薯的淀粉含量比普通蔬菜高一些，但是它属于低脂肪、高纤维、高钾低钠的食物，还富含丰富的花青素，对于预防高血压等心脑血管方面的疾病有帮助。

紫薯凉糕

材料

紫薯600克，牛奶150毫升，莲蓉馅适量，白糖25克

做法

1.将紫薯用清水洗净。

2.蒸锅注入清水烧开，放入紫薯，蒸至熟软。

3.取出蒸好的紫薯，去皮，放入碗中，压成泥。

4.放入牛奶、白糖拌匀，取适量，压扁，放入莲蓉馅，搓成球，放入模具中，压成型，取出即可。

【温馨提示】

要将紫薯尽量蒸得软一点，这样方便后面的制作。

【营养分析】

用薯类替代部分主食，不仅每天的总淀粉数量不会升高，而且维生素、膳食纤维、矿物质的量还会增多，对于提高一日当中的营养质量很有益。

● 双色抹茶糕

烹饪时间：15分钟

难易程度：一般

材料

黏米粉300克，澄面75克，面种150克，泡打粉15克，抹茶粉20克，白糖300克

做法

1.面种中加入白糖、适量清水，搅匀，再加入澄面、黏米粉，搅匀成纯滑的面浆，封上保鲜膜发酵，撕去保鲜膜，加入泡打粉，搅匀。

2.面浆过筛，分成两份，其中一份放入抹茶粉，拌匀。

3.把白色面浆倒入垫有保鲜膜的模具里，装约四分满，放入烧开的蒸锅，大火蒸5分钟。

4.倒入抹茶面浆，盖上盖，继续蒸8分钟至熟，取出，脱模，切成小块即可。

【温馨提示】

抹茶粉可以根据个人口味增加或减少。

【营养分析】

抹茶中含有多种维生素和植物活性物质，能很好的起到抗氧化，提高机体免疫力的作用。

◉ 桂花白糖糕

🧂 材料

黏米粉250克，澄面75克，面种100克，泡打粉10克，桂花少许，白糖300克

🍲 做法

1.面种装入碗中，加入白糖和清水拌匀，加入澄面、黏米粉搅匀成纯滑的面浆封上保鲜膜发酵。

2.撕去保鲜膜，加入泡打粉，搅匀。

3.面浆过筛，装入另一碗中，把面浆倒入垫有保鲜膜的模具里，装八分满。

4.放入烧开的蒸锅，加盖，大火蒸10分钟后取出。

5.脱模切成菱形小块，装盘撒上少许桂花即可。

【温馨提示】

面浆蒸熟后体积会增大，所以倒进模具内时不能倒的太满。

【营养分析】

桂花本身特有的香气，可以起到很好的开胃助消化的作用。也可以用干桂花来泡茶喝，不仅清香还有提神的作用。

苹果柠檬盅

材料

黄柠檬1个，苹果丁50克，马蹄4个，樱桃丁20克，白糖、食用油各适量

做法

1.马蹄去皮洗净，放入沸水锅中，焯水切成丁。

2.柠檬洗净，切成两半，挖去果肉，将皮做成柠檬盅。

3.锅中注油烧至五成热，放入白糖，加少许水，炒至白糖溶化。

4.将苹果丁、马蹄丁放到柠檬盅里，撒上樱桃丁，放入烧开的蒸锅中，蒸约5分钟取出浇上糖汁即可。

【温馨提示】

马蹄先焯水可以祛除原本的酸涩味。

【营养分析】

樱桃富含花青素，可以清除体内自由基，起到抗氧化、抗炎、保护血管内皮细胞、提高血管弹性的作用，有助于预防高血压等心脑血管方面疾病的发生。

● 蒸苹果

🧂 材料

苹果1个

🍲 做法

1.将洗净的苹果对半切开，削去外皮。

2.把苹果切成瓣，去核，再切成丁。

3.把苹果丁放入碗中，将装有苹果的碗放入烧开的蒸锅中，盖上锅盖，用中火蒸10分钟。

4.揭盖，将蒸好的苹果取出即可。

【温馨提示】

苹果丁可以切得小块一点，更方便食用。

【营养分析】

苹果含有丰富的果胶和黄酮类物质，例如绿原酸、槲皮素、儿茶酚等，这些功能性成分对健康大有益处。常吃苹果，可以帮助减少癌症、心血管疾病等多种疾病的发生风险。

● 八宝南瓜

🕐 烹饪时间：25分钟

🍴 难易程度：简单

🧂 材料

老南瓜300克，糯米100克，蜜饯、白糖、葡萄干各5克，豆沙50克，莲子15克，糖桂花、芝麻油各适量

🍲 做法

1.将南瓜去皮、瓤，洗净切梯形状。

2.锅中注水烧开，放入糯米，煮至断生，捞出。

3.糯米加入蜜饯、葡萄干、细豆沙、莲子拌匀，装入摆好的南瓜中。

4.蒸锅上火烧开，放入南瓜蒸至南瓜熟，取出。

5.用白糖、糖桂花打汁，淋上少许芝麻油，浇在成形的八宝南瓜上即可。

【温馨提示】

南瓜易熟，而糯米不易熟，所以要先将糯米煮好后再放入南瓜内。

【营养分析】

南瓜中含有丰富的类胡萝卜素，其中β-胡萝卜素可以转化成维生素A,起到保护眼睛、美肤、增强机体免疫力、抗氧化的功效。

● 蜜汁枸杞蒸红薯

烹饪时间：17分钟

难易程度：简单

材料

红薯300克，枸杞10克，蜂蜜20克

做法

1.将去皮洗净的红薯切片，取一蒸盘，放入红薯片，摆放整齐。

2.蒸盘撒上洗净的枸杞，淋上蜂蜜；备好电蒸锅，烧开水后放入蒸盘。

3.盖上锅盖，蒸约15分钟，至食材熟透。

4.断电后揭开锅盖，取出蒸盘，稍稍冷却后即可食用。

【温馨提示】

要将红薯切得薄一点，在容易蒸熟的情况下更容易入味。

【营养分析】

红薯含有大量膳食纤维，在肠道内无法被消化吸收，能刺激肠道，增强蠕动，促进排便，对肠道健康有益。

姜糖蒸大枣

烹饪时间：35分钟

难易程度：简单

材料
大枣150克，姜末6克，红糖10克

做法
1.取一碗温水，放入洗净的大枣，浸泡约10分钟，使其胀开。

2.捞出泡好的食材，沥干水分后放入蒸碗中，放入红糖、姜末。

3.备好电蒸锅，烧开水后放入蒸碗，盖上锅盖，蒸约20分钟，至食材熟透。

4.断电后揭盖，取出蒸碗，稍微冷却后即可食用。

【温馨提示】

　　蒸碗中最好注入少许凉开水，这样蒸的时候可以使红糖更易溶化。

【营养分析】

　　大枣皮中粗纤维含量高，带皮吃既润肠又通便。但是对于胃肠道功能比较弱的人群来说要慎食。一般人群建议大枣一天食用量控制在3~5颗为宜。需要注意的是大枣含糖量高，糖尿病病人谨慎食用。

● 盐蒸橙子

🕐 烹饪时间：15分钟

🍴 难易程度：简单

🧂 材料
橙子160克，盐少许

🍲 做法
1.将洗净的橙子切去顶部，用筷子在果肉上插数个小孔。

2.撒上少许盐，静置约5分钟，备用。

3.蒸锅上火烧开，放入橙子，盖上锅盖，用中火蒸约8分钟至橙子熟透。

4.揭开盖，取出橙子，放凉后切成小块。

5.取出果肉，装入小碗中，再淋入蒸碗中的汤水即可。

【温馨提示】
　橙子可用淡盐水浸泡一会儿，可以起到一定的消毒作用。

【营养分析】
　橙子作为膳食中维生素C的良好来源，具有很好的抗氧化作用，可以提高肌体免疫力。此外，维生素C还可以使难以吸收的三价铁还原为易吸收的二价铁，从而促进铁的吸收。